白いバラのアーチをくぐって
先へお進みください

# から揚げ
# コッコ
# 物語

## 令和の里の裏庭飼育

陶山良子

弦書房

〈上〉から揚げコッコと犬のチコ。コッコ女王の家来のようなチコ
〈下右〉黄モッコウバラは棘がなくて、溢れんばかりに咲く
〈下左〉道に散ったモッコウバラの花びらを集め、小鳥の部屋階段に花のじゅうたんを作る

〈前頁〉南京ハゼの木の下には犬達、猫達、鳥たち、虫たち亀も金魚も眠っている

〈上〉アサギマダラを呼び込む時、友人がフジバカマを大分から沢山送ってくれた
〈下〉寝室の窓を覆い尽くすピエール・ロンサールとアンゼィラ

〈上右〉相思鳥は小鳥の部屋で放し飼い。夜はカモミールを干した籠のそばで眠った
〈上左〉手乗りの白文鳥は一番の人気者。人の手から手へとリビングを毎日飛んだ
〈下右〉初冬毎年一羽でやって来るジョウビタキはフレンドリー。毎年同じ鳥なのだろうか
〈下左〉事故で落鳥したカチガラス。ターシャ・テュウダーのように写真にとどめた

〈上〉豊満なサザナミ姉妹。沢山卵を生んだ
〈下〉雄鶏を受け入れてくれた園田さん(右)に感謝。左の赤い服が著者

〈上〉歌う犬サブは、亡くなり何年たっても、友人知人が、知らない人が消息を訊ねる
〈下〉ひょんなことからフォトコンテストに入賞し、賞金をもらった思い出の最高写真

〈右〉この世のものとは思えぬほど美しいキンケイの雄
〈左〉キンケイ雌はヒナを孵すのが不得手なのに４羽も生まれた。子育ても雄が協力した

リビングを闊歩するおばちゃん鶏〈左〉。亡くなる前日の夜、胸に顔をうずめてハグした〈右〉

# 目次

# まえがき――町の中での小さな田舎暮らし

子どもの頃から生き物が好きだった。好きと言うより可愛くてならず、か弱い生き物の命を、何とか守ってやりたかった。雪の降る庭でひん死の蜂や蜘蛛をワラの茂みに避難させたり、水に溺れかけたテントウ虫や蝶を助け上げるのはいつもの事だった。小学生の時、芥川龍之介の「蜘蛛の糸」を読んで、もし自分が死んで地獄に落ちても沢山の虫や蜘蛛たちが糸を垂らして私を助けるに違いないと、子ども心に本気で考えたりもした。そのころは犬猫はもとより、山に置き去りにされた野ヤギの子を拾って家に連れてきたこともあった。私の母は「この子は何でも拾うて来て往生します」と近所の人に言いながらも、ミルクがわりに重湯を炊いて受け入れてくれた。から揚げコッコに登場する鶏も、から揚げになるところを貰い受け愉快な話に展開する。

若い頃「今日とっても面白いことがあったんよ」と八歳上の兄に話しかけると、話を聞く前からゲラゲラ笑いだす。「まだ何も話してないのに何がおかしい、なぜ笑うの」と呆れて聞くと、「お前が面白い話があると言うだけで、今度は何を言い出すかと、聞く前から何か可笑しくて笑いがこみ上げる」と言うのだった。その兄も昨年亡くなった。あの時の笑顔を私に残して……。

ある豪雨の朝だった。ごうごうと音をたてて濁流となって流れる近くの川から、命からがらやっと這いあがり、助けを求めて家の駐車場にようやくたどり着いたカモを、家の風呂場に保護したことがある。怪我が治って元の川に戻すまでの一週間、家族はカモとお風呂に入ったのだ。と言っても湯船に一緒に入るわけではない。庭には猫が沢山いるので、とりあえず安全な水のある場所にと隔離し保護したのが風呂場だった。風呂に入るとカモが興奮してガアガア騒ぐので、こちらもカラスの行水。夫も子ども達も文句も言わず、カラスの行水で皆私に協力してくれたのは、本当に有難かった。

私は誰かを喜ばせたい驚かせたい、笑わせたい人間なのだと思う。でも決して話し上手ではない。そう言うと友達は、まさか、アハハハと笑うのだが。大方の場合私は聞く側に回り、思いのたけを話せてない。ここぞと思う時には、押しのけて口をはさむ事もあるのだが、思いきり心から存分話したいがために私は随筆を書いている。なにしろ私の身辺にはキラキラ光った面白い話がいっぱいころがっているものだから。

心の引き出しにはこれらの沢山の生き物の思い出と記憶が沢山詰まっている。文字の中では何度でも懐かしい義母や兄、妹や生き物達を思いきり生き返らせる事が出来る。すると、ありし日の笑顔、姿、声までもが昔のまま、浮かんで来る。

元号令和の出自の里となった太宰府での小さな田舎暮らしをする私は今、犬猫や鳥達との楽しかった時を思い出す。日頃生き物と接することなく過ごす人達にも心の隅までほっこりと温まる気持ちになってほしい。沢山の方々が、笑い、驚き、喜んで心が温められ癒されますように。

# I

# 私は虫愛《め》づる姫君

# 小さな王国――庭の虫たちへ

春になり我が家の庭のバラが競って咲き始めた。

いの一番に咲くのは黄色のモッコウバラ。このバラは棘がなくて扱いやすい。白い柵に沿って道路側にこぼれるように花開く。その後、一週間ほど遅れて、白のモッコウバラが庭の中心にあるアーチを飾る。花の中心がピンクなのが少女のようで可愛らしい。そしてキッチンの窓辺に一重のナニワノイバラ、寝室の出窓にはピエール・ロンサール、アンゼィラと続く。ヘルテージというバラは黄色とオレンジのグラデーションで、その美しさは息をのむほどだ。

そのバラの茂みの中にお客様を見つけた。

体長四センチほどの昆虫で長い触角をもち、漆黒の艶のある体に白い斑点模様がなんとも美しい。脚と大顎が目立ち、触角は黒と白が交互に配置されていておしゃれ。庭でこの虫を見たのは初めての事だ。夢中で何枚も写真に撮った。

妖艶なバラ、ヘルテージを下さったのは近所に住む九十三歳のバラ友、吉嗣フミさんだ。「名前を知らないとバラの魅力は半減するのよ」と、聞いたこともない二、三十種類の横文字のバラの名前をすべて覚えている。バラの管理も欠かさないし、苗はイギリスから取り寄せる本格派だ。

「私が死んだら、この庭のバラはあなたに好きなだけあげるわ。あなたが育てて」と何度も仰る。しかし、たとえ主がいなくても手入れをしなくても、毎年細々ながらでも咲いてくれるものだ。バラの香りは天にも届きそうで、自然に咲かせるのもよいものだと思う。吉嗣さんの話によると、御先祖は昔、菅原道真公のお伴をして京都から出雲を経て太宰府へ御下りしてきたのだという。家は道真公お住まいの跡、榎寺のすぐそばだ。

「バラ園のあるこの場所はね、御垣野御前という、道真公と御縁の深い女性の屋敷跡なの。道真公が榎寺を出られてこちらに向かって歩き始めると、御簾を目の高さまで上げて、『ここへおいでにならないかしら……。お立寄りになるかもしれない』と身じまいを正してお待ちになっていたそうよ」

歴史書でも、土地の語り伝えでも聞いた事のない、昔からその家に伝わる話をこともなげに話される。千数百年も昔の話を吉嗣さんがお話しされると、その家の歴史を代々口伝えしてきた一族の長い歴史を感じ、薄幸の道真公にも心を通わせる女性がいた事に、何かしら、ほっとする。

生きていらした頃、吉嗣さんに我が家のバラも一度見に来て頂いたが、ふだんは写真を撮ってその年の出来具合を見せに行く。テレビにカメラのＳＤカードを差し込んで大写しで庭のバラを観てもらい、感想を聞く。

するとバラの合間に、以前夢中で撮った虫の写真が出てきた。

「まあー、アハハハハ！　ゴマダラカミキリムシ。こんな悪い虫を大事に、宝ものみたいに写真に写しているなんて！」

「エ？　そんなに悪い虫なの？」

「そうよ、バラやミカンが大好きで、木の幹に傷をつけ産卵して、一、二年に亘って食害しながら成長するから、木は枯れてしまうのよ。葉や紙を大顎でかみ切るからカミキリムシというの。田舎では駆除するため、夏休みに捕まえてきた子ども達に一匹四十円を払う仕組みもあって、十匹も捕まえて小遣い稼ぎをする子もいるほどよ」

そんなに悪い虫だとはつゆ知らなかった。そういえば、思い当たる節がある。結婚当初三本のバラの苗を買った。そのバラは四十年間も咲き続けたのだ。

「いつ来てもバラが咲いているのねえ」と感心して友がいう。いいバラだったのだが、最近相次いで枯れた。もう寿命だと諦めていたのだが、もしかして原因はこのカミキリムシだったかもしれない。

悪い虫だと聞いてもあまりに美しく殺せない。その後捕えた一匹は人家がない川べりに放した。

そして一年がめぐり、またバラの季節になった。

「すごい綺麗な虫がいるぞ、虫籠に入れようか」と、何も知らない夫がカミキリムシを見つけて言う。

「この虫は害虫なのよ、もっと探して」と、見て回り何と五匹も捕えた。さてこの憎き害虫、どうしてあげよう。

とりあえず虫籠に捕獲した。五才の孫に持って帰らせたいがママの許しが出ない。確かに餌のないマンションに連れて行っても困るだろう。セミは一週間の命、チョウは交尾を一度済ませると卵を産んで死ぬ命。このゴマダラカミキリも短い命なのだろう。虫の命ははかないもの。

朝、剪定したバラの枝を五センチ程に切って虫籠に入れ、霧吹きで籠の中に水分を補充し、様子を見ながら暑い日は木陰に置き、雨の日は軒下に避難させる。虫籠に入れていてもなるべく自然環境の中においてやろうと思う。一ヶ月たった。

夫が言った。「もう放してやったら……」

「この虫は放せないのよ、悪いから。庭で卵を産むと困るの。そのうち死ぬわ」と私は渋って、二ヶ月ほど経った。セミも鳴かなくなった静かな庭で、まだ元気に生きているほど。

ある日。

炎天下に籠を置いていたことを思い出し、駆けつけた。中を覗いても姿がない。急いで籠を冷たい水で冷やし、温度が上がった虫籠の中を見ると、底の方からゴソゴソはい出してきた。良かった、生きていた。しかし一匹は動かない。

またある日、夜中に大雨が降った。朝起きて庭の虫籠を見ると一匹は動かない。たまった水を外に流した。残った三匹のカミキリムシにもたまにはおいしいものを食べさせてあげようと果物の残りを入れてやった。

翌日、何と蟻が虫籠を襲い、ゴマダラカミキリムシは狭い籠の中で右往、左往していた。あわてて、違う虫籠に割り箸で一匹ずつ避難させたが一匹は死んでいた。

九月になり秋風がそよぎ始め、コオロギが鳴き出した。もう春の虫のほとんどは卵を産んで次世代への橋渡しをして死んだというのに、このカミキリムシの生命力には恐れ入る。四ヶ月も生きて最後の一匹だけになった。少し体が小さいので雌かもしれない。長く美しい触角が片方しかない。何故なくしたのだろう。ちょっぴり気になる。

その頃、家ではインドネシア旅行の話が持ち上がり、家族皆で一週間インドネシアへ出かけることに決まった。

〝この子をどうしよう〟楽しい旅行より指の先ほどのカミキリムシの事が気にかかる。憎きカミキリムシはいつの間にか〝この子〟になっている。餌を虫籠にたくさん入れておけば生き延びれるだろうか、それとも餌を入れずに、これ幸いに駆除したと思えば死んでほっとするだろうか。

インドネシアに旅立つ日、ミカンの木の下に虫籠を持って行った。後先考えぬ深情けが災いして、来年カミキリムシが庭中を飛びまわるかもしれない。そう思いながらそっと虫籠の扉を開いた。

さて、インドネシアから帰った翌日、ミカンの木に放したカミキリムシを探すが、どこにもいない。見つけたからとて、どうするつもりもないのだが、あれからカミキリムシはどうしたのか、あの小さい子は生き延びたか、それとも籠の中での過酷な生活に耐えかねて、死んでしまったのか。

来年大量発生すれば逃がしたことを反省するだろうが、一匹もいなくなると、バラが枯れた事も忘れて、美しかった白い水玉の羽をなつかしく思い出すだろう。

平安の後期に書かれた堤中納言物語の短編集の『虫愛づる姫君』は気持ちの悪い毛虫や、カマキリやカタツムリなどを集めては、その成長を観察して可愛がる姫様の話だ。

「世間の人はチョウよ花よと、きれいなものばかり有難がるけれど、そうじゃないわ。人は誠実で物事の本質を追究する心こそが美しい」とのたまい、「変につくろわない方がいい」と、貴族社会の身だしなみであるお歯黒もせず、眉も抜かず、髪は動きやすいよう耳にかけてひとまとめにしている。侍女たちは気持ちの悪い虫と変わりものの姫君に、途方に暮れるというお話。

平安時代だから物が何もないにもかかわらず、いつも部屋を散らかし放題で、片づけられない女房もいれば、〝虫愛づる姫君〟も昔からいたのだと、どちらも自分の事のようで何だか嬉しくなる。昔から人はそれぞれなのだ。

カミキリムシには出会えなかったが、カマキリを見つけた。

斧かノコギリのようなギザギザがついている、武器のような前足は、普段は拝むように手を合わせていて、しかも顔が怖い。三角の小さな顔に目玉だけが魚眼レンズのように大きい。このカマキリに見据えられて大きなカマで押さえられると、でっかいクマゼミでも捕えられてしまうだろう。首が百八十度回るのも何とも不気味。巣は手のひらに載るくらいの、ヘチマたわしで作ったようにベージュ色で丸い。

春になると五ミリ程の子カマキリが百も二百も巣から地上に下りてくる。蜘蛛の子を散らすようにザクザクいた子カマキリは風に飛ばされ、餌を求めて何処かへ散らばってゆく。子カマキリが風に乗って飛んで行くさまに出会うと、「無事に大きくなりなさい」と送り出さずにはいられない。しばらくは庭のそこかしこで子カマキリの成長を目にする。やがて体調は二センチになる。しかし数は段々と減っていく。

その頃、この子達は時々服について家の中に忍び込んでくる事もある。カマキリは七回脱皮を繰り返し体が大きくなるので、立派な成虫になるのは初秋のころだ。

五月のある日のことだった。その日は知り合いのＳ御夫婦が所用で訪ねてくることになった。その朝、テーブルを飾る花を庭で摘んだ折、エプロンのポケットに知らぬ間に隠れて飛び込んでいた体長二センチの子カマキリが、夫人と話をしている時、ポケットから顔をのぞかせて、ヒョイと飛び出して私の手のひらにゴソゴソ歩いて来た。

「ここ、どこ?」とばかりにキョロキョロする姿があまりに可愛くて面白く、つい、「ねえ、見て!」と子カマキリを手に乗せて差し出して見せた。そのおどけた可愛らしさをＳ夫人にも見てほしかった。

「まあー、私こんな小さいカマキリ初めて見たわ。何と可愛いらしいのでしょう!」という言葉が返って来る筈だった。

S夫人は大きな目でギロリと見るやいなや、うむを言わさず、無言でビシャッと私の手もろとも一撃で子カマキリを叩きつぶした。

「ああっ」と声を殺して息をのんだが後の祭り。私はその場の空気を変にしたくなかったので、死骸すら気にとめないふりをしたが、残念だった。

普通一般的には、虫は家の中に入って来てはいけないのだ。蚊もハエも。特にカマキリなど、とんでもない。S夫人の仕草が当り前で、私自身が変わっているのかも知れない。それは何故だろうと考えてみた。

小さい頃、虫は友達だった。手で捕まえていつも遊んでいたのは「オケラ」正式には「ケラ」という。

「手のひらを太陽に」という歌、♪僕等はみんな生きている、生きているから歌うんだ。ミミズだって、オケラだってアメンボだって♪歌の中にオケラはある。すごく一般的な虫だったのに現在では大方の人がオケラを知らない、見た事がない人が多い。この虫は噛んだり刺したりしないから、子どもの遊びにはぴったり。オケラの大きさは三、四センチ、後ろ足四本に大きな手が付いている。オケラの前足は汚れが付きにくいようビロードのような毛に覆われて、頭はエビに似て上半身と下半身の間にくびれがある。

このくびれを持って小さい頃、私は子ども達数人でよく遊んだ。一緒に遊んでいる男の子の名前を呼んで、

「圭君のチンチンどれくらい」とオケラに聞いてみる。するとオケラが両手をこのくらいと広げて見せる。その後の答えまでが遊びである。

「そう、ちっちゃいね」じゃ、

「博美兄ちゃんのチンチンどれくらい」オケラが今度は大きく手を広げた。

「大っきいね」他愛ない虫遊び。

その他にオケラの七つ芸というのもある。オケラは掘る、泳ぐ、よじ登る、走る、飛ぶ、鳴く。色々な芸が出来て子育てもする。

オケラに飽きるとその辺に逃がして、次の遊びを探した。

小カマキリも見た後は、オケラのようにそっと庭に放すつもりだったのだ。

子カマキリは夏の終わりごろに庭で見かける数は四、五匹くらいだ。あとは鶏に食べられて、鳥やクモに狙われて、庭は虫達にとっても生きるか死ぬかの戦場だ。

庭に咲く花々は家族を楽しませ、心を癒してくれるが、そこに住む虫や生き物たちも様々

で、命の複雑怪奇な場面に出会うことがある。

カマキリのお腹の中にはハリガネムシがいる。コオロギなどの虫をカマキリが食べたのだ。その時、すでにコオロギのお腹の中にはハリガネムシがいる。次にカマキリに食べられるのをひたすら待っているのだ。その後ハリガネムシは消化されず、カマキリが食べた栄養を横取りし、寄生して生きる。この虫はその名の通り針金をクシャクシャにしたように、細長く複雑怪奇な生き物だ。子どもの頃、お腹をパンパンにふくらませた大カマキリの尻を水につけると、ハリガネのような虫がのたうちまわりながら出てきた。

ある日、水辺に何匹もいるカマキリを見ていると、水中に突然ダイブした。子ども心にカマキリは水陸両用の昆虫だと思っていた。しかし最近テレビを見て知ったことだが、それはカマキリに寄生したハリガネムシがカマキリの脳を操り、水辺に向かわせ致命的なダイブをさせるという。

川にカマキリが飛び込むと、ハリガネムシはカマキリのお腹を破ってすばやく脱出し交尾をする。そして、水中で産卵し孵化すると、数ミリの幼虫はボウフラやトンボの幼虫やかげろうに寄生し、食べられるのをひたすら待つ。この寄生した水生昆虫はやがてカマキリやコオロギや魚の体内で成虫になる。宿主をマインドコントロールしてハリガネムシは自分だけが生きぬくのだ。

寄生は昆虫や植物の世界に限ると思っていたのだが、戦後の食糧難の頃に育った子どもは「虫下し」を定期的に飲ませられていた。人にも寄生していたのだ。

世界的に有名なソプラノ歌手マリア・カラスの悩みは百五キロの体重をどうにか減らすことだった。いろいろなダイエットの中で選んだのは、サナダムシ等の卵を飲んで体に寄生させ、食べた栄養を吸い取らせてスリム化することだった。サナダムシは真田紐に似て長いもので十メートルにもなるらしい。これはなかなか功を奏して、体重は五十五キロにまで減ったらしい。

高校時代に極端に痩せているクラスメートがいた。彼女の話によると、サナダムシが寄生して薬を飲んでも体の一節が関節から切れて出てくるだけで、思うように虫が体外へ出ないのだと、切実な顔つきで話してくれたことがある。マリア・カラスの逆である。

ある日、家の水槽の水を変えようとポンプを差し込んだ。その水槽の中にはネオンテトラが三匹と近くの川ですくった川エビが二匹住んでいる。

するとエビが三匹に増えている。よく見るとそれは脱皮をした殻で、四センチほどのエビの頭も足も目も細い髭もそっくりそのままに、殻から抜け出していた。甲殻類はこうして何度も脱皮を繰り返して大きくなるのだろう。とすると、伊勢エビやカニの産地では本物と見まごう脱皮後の殻が波間や海底に無数に漂っているのだろうか。

水槽にポンプを差し込み水を注入して排水溝へ誘導すると難なく水槽の水を替える事が出来る。注入したその時、水流が底に敷いている小石を踊らせた。すると石の間からたくさんのうごめくものが……。数ミリの透き通った白い虫はクネクネうごめき、のたうちまわり、その数、百、二百、三百はいるだろう。注入を中止した。これらの訳の分からない虫を下水に流して、その先は川に流れて……。そしたら後はヤゴやトンボに寄生してそれをカマキリが食べて、その後カマキリを自殺に追い込む悪いやつ。これはハリガネ虫の幼虫かもしれない。川エビに寄生して水槽の中で産卵したのではあるまいか。このまま下水に流すのがためらわれ、コンクリートの坂の道に水槽の水を流した。多分水がない所では生きられない。後はお湯で水槽を消毒した。

虫の寿命ははかない。でも壊していい自然はないし要らない生き物もいない。存在する理由も役割もきっとあるのだろう。こんなことをしてよかったのか、どの生き物にも命というものがあり、皆、一生懸命たくましく生きている。

しかしながらハリガネムシは次から次へと寄生を繰り返し、元の川に戻って産卵するためにカマキリを自殺に追い込む。実は人間の世界でも似たような事が起こっている。

最近何だかハリガネムシのような女の事件が幾度となく新聞を賑わす。騙して生活保護のお金を搾取して子どもを死なせたりお金のある男に寄生して最後は自殺に追い込むか殺してしまうのだ。「世にも恐ろしい心を持つハリガネムシは人間の中にも寄生しているかもしれない」と夫が言うのだが……。

彩とりどり紫陽花の庭。虫捕りも鬼ごっこも思いのままに

# から揚げコッコ

東の空が白み始める朝六時、リビングのカーテンを開けた途端、庭のどこからか全速力でこちらに向かって走ってくる一羽の雌鶏は、犬を蹴散らし、猫を飛び越え、寝たきりの老犬を踏んづけて、私と目が合うと「ココココ」と朝の挨拶をする。

少しずつちぎって食べさせようと手に持ったパンを、一メートルもジャンプして今日も丸ごと持って行った。

牛乳とチーズが大好きで、犬が銜えているチーズをくちばしで横取りするほどの傍若無人ぶり。しかも、なめくじ退治に夫の飲み残したビールをカップに入れて、庭に置くと、喉を鳴らしてうまそうに天を仰いでは全部飲み干してしまう。

犬も猫も初めはあまりのことに怒ったり威嚇したりしていたのだが、最近は勝目もなすべも無くなり、すっかりあきらめの心境だ。我が家に来て三ヶ月で、動物達の女王さまに納まってしまった。

数年前、道を隔てたお隣がヒヨコを数羽飼い始めた。我が家の猫が襲いはしないかと、心配したが、ヒヨコはぐんぐん大きくなった。やがて雄鶏が朝早く鳴き始めた。子どもの頃、家に鶏がいて世話をしたことがあるので、その声は懐かしく、郷愁を覚えた。まどろむ中での朝を告げる鶏の声は、母が竈《かまど》で火をたきつける寒い冬の朝の時間、布団の中で温かさをむさぼっていた子どもの頃の幸せな暖かい時間を思い出させる。

その雄鶏は白色レグホン。鶏頭とはよくいったもので、真っ白い羽に真っ赤なトサカが鶏頭の花に似てとても美しい。雌鶏は名古屋コーチンで丸っこく茶色だ。ところがこの雌鶏ときたら、いつも隙を見ては鶏小屋を脱走し、隣近所を散策したり、車の通り道を行ったり来たり。飼い主は昼間不在なので、私は交通事故を心配して何度も抱きかかえては小屋に戻す度に、何だか愛着が湧いて可愛くてしかたがない。そこで、お隣さんに、「もしこの鶏を処分することになったら、その時は私に下さいませんか」と頼んでおいた。

一年過ぎた頃、「から揚げにして食べてもいいですよ」とお隣のご主人が抱いてこられた。食料にする気など更々無いのに「から揚げコッコ」と世にも恐ろしい名前をつけてしまった。

しかし、それより気難しい夫が鶏を飼うことを許してくれるかどうかが問題だ。

まず作戦をたてた。動物好きの娘が「鶏飼いたい」と言えば、「そうか!よしよし」と、問題は起きないはずだ。二日間ひた隠しにして娘の休みの日を待った。

アクシデントは日曜日、娘が朝寝坊している間に起こった。

「あれはなんだ！」

「あれは鶏」と、とぼける私。

「何で家にいる！」

「お隣が食べると言うから、ペットにもらったの」

「ダメ、ダメメ、飼うの絶対ダメ」

娘が夫より早く起きてくれたら、何も問題はなかったのに……。でも、ここで引き下がれない。何しろ返せば食べられる運命。鶏を抱いて夫に詰め寄った。

「何で、何でだめなの？　理由を言って」

「犬が鳴くからダメ」と、苦し紛れに夫が言う。

「そんなの理由にならない……。」

そんな冷戦が起こってからほどない日に、「この鶏大人しかー」と、夫が鶏を抱いてきた。あんなに反対していたのに抱いてくるなんて。おかしくてふたりで笑いころげた。

かくして、から揚げコッコは晴れて我が家のペットとなった。感心したのは庭の虫をたんぱく源にし、野菜は雑草でまかない、穀物は雑草の種で採ること。犬猫の食べ残しを一粒残さずきれいに片づけてくれ、エコの最たるもの。庭で飼うのにぴったりだ。だから大昔から庭の鶏（ニワトリ）と言うのだろう。

庭の虫に悩まされ、草取りに追われていた私も「鶏の食料となるから、庭の草取りは、ほどほどで」と、大義名分のもとに草取り作業からも消毒作業からも解放された。しかも鶏糞は庭の草花を立派に育てる。

から揚げコッコは毎朝九時過ぎると犬を押しのけて犬小屋で、卵を産む準備にかかる。どっかりと腰を下ろして、「コォーコォー」と何やらつぶやく。目を開けたり閉じたりして時を待つ感じだ。時折猫の鳴き声に落ち着かない素振りを見せるが、またしても瞼を閉じる。面白いことに瞼は下から上へ閉じる。まだ産まれそうにないのか、首を回して毛づくろいを始める。首が長いので背中も羽の下も尻尾の辺りまで届く。又目を閉じる。暫くしてやおら中腰になる。しりすぼのあたりの毛がゆさゆさゆれている。肛門より上の毛は背中に向かい、下の毛は足の方へ。きっと卵を産むためにお腹が収縮しているに違いない。顔が真剣になった、目が一点をみつめ、力が入るのがわかる。床すれすれに腰を落とし、音もなく卵を産み落とした。卵は濡れて光っている。それをくちばしで愛おしそうにころがしている。この卵は七十五グラムあった。普通の卵は五十五グラムくらいだから、かなり大きい。

鶏も卵を産むのに、お腹が痛んで力んで頑張って産んでいるのがよくわかった。自分の出産を思えば、死ぬかと思うほど痛かったし、鼻の穴から、西瓜が出てくるようだ、と形容する友人もいた。鶏はひたすら産み続けて卵は取り上げられて、自身も人間の食料になる運命を背負っている。親子丼なんてなんと残酷なネーミング。

でも我が家のから揚げコッコだけは幸せな鶏代表で寿命を全うさせてあげよう。卵を温める時期がきたらその時は、そのときこそ絶対抱かせよう。そう思うと何か、いとおしくてぎゅっと抱っこしてやった。トサカをコロコロと指でさわり、耳のあたりから首をなでると目を閉じる。人間に飼われ食用になる運命を覚えているＤＮＡが、首のあたりを触ると観念したように目を閉じるのも哀れである。

それにしてもなかなか頭もよく、たくましい。庭の片隅の鶏小屋はお気に召さず、デッキにある犬小屋を占領し、猫のトイレのサラサラ砂が気に入って、これも自分の毛づくろいをする憩いの場にしてしまった。

悪さをした猫を「コラー」と叱り飛ばしてリビングから外へ追い出すと、から揚げコッコは外で待ち受けて追い打ちをかけ、私と同じしぐさで猫をくちばしで叱り飛ばすのには、参った参った。

最近では歌も歌い始めた。なんとも聞いたこともない下手な節回しで、「コッー、コッー」はまるで日田の民謡、コツコツ節だ。おかしくて吹き出してしまう。

私が庭を歩くと、すぐ後から「から揚げコッコ」が、ガニ股駆け足でついてくる、その後を犬が走る、そして猫が続く。その光景はまるでブレーメンの音楽隊だと娘が笑いころげる。「から揚げコッコ」は、優しい面も見せる。寝たきりの老犬のそばで、「あんたもキツカネー」等語りかけている。一緒に暮らすと犬の言葉、鶏の言葉がそれぞれわかるようになるから不思議だ。いやこれ、本当の話。

ある日のこと、庭の虫を食べ尽くしたので隣接した畑に連れ出した。作業をする間、草や虫を食べてもらうつもりだった。ふと、気が付くとから揚げコッコが何処にもいない、柵があるので庭には戻れないはず。隣家の周りも庭も探したが見当たらない、向かいの家に尋ねたが知らないという。何処に行ったのだろうか。もしかして……と道を隔てた鶏の実家へ行ってみると案の定、いた！　私にだまって里帰りしていた。

お天気の良い日は羽を干すのに庭で横倒しに倒れこんで、まるで死んだふり。雨が降ると、くわず芋の大きな葉っぱの下でコロボックルのように雨宿り。もう好き勝手に暮らしている。鶏の名前は初め、から揚げコッコだったのだが、今は恐れ多くて「コッコ」と呼んだりする。

新参者なのに三ヶ月で犬三匹従え、猫達を家来にして私のハートもつかんで、すっかり周りを仕切っている。目と耳がよく、知能もかなりのもの。

私の声が聞こえると何処にいても、すごいスピードでリビングに、「滑り込みセーフ」とばかりに飛び込んでくる。それはバーゲンセールに我先に走る太った元気のいいおばさんの感じだ。体重を計ったら三キロあった。ちなみにローストチキンは一キロくらいだからかなり太め。

こんなに元気で、たくましい愛すべき人が、身近にいたような気がする。誰かに似ている、確かに知ってる誰かに似ている。でもそれが何処の誰だかどうしても思い出せない。

夫と娘が、ひそひそ話をしている。

「似てるよねー」

息子も娘に、こそこそ話をしている。

「そっくりだよねー」

いったい誰に似ていると、いうのだろう。

私と目が合うと皆、慌てて目をそらせた。

「ん?」

から揚げコッコがあまりに面白くて、それを見ていた隣りの家の御主人が仕事先から鶏のヒナを三羽もらって意気揚々と帰ってきた。我が家で雌鶏一羽を貰い受け、お隣りは奥さんが反対するにもかかわらず、雄鶏と雌鶏の二羽を自分の庭で飼うことにした。

隣りの御主人の仕事は大工さん。さすがプロだ。三段ベッドのある、しっかりした鶏小屋を一日で作りあげた。小屋の壁板の内側には、むつかしいルートや方程式の計算式をマジックで書いた板が使ってある。屋根のこう配の計算式なのだろうか。小屋の扉を開けるとこの計算式がいやでも目にとびこんでくる。

何だかＩＱの高い鶏が計算式をいたずら書きしたようで「オッ」と声をあげるが、まさかそんなことはありえない。

鶏のヒナは天草大王という品種で、普通の鶏よりもやや小型で、チャボより多少大きい。羽の色は茶色に金茶色が混じって、青や緑のはね飾りをつけたような色彩の雄鶏は、それは綺麗。雌鶏もそれなりに愛らしい。

三週間ほどたって雄鶏が喉を締め付けられるような声で〝エケオッコー〟と鳴き出した。ウグイスが大人になる時、上手に〝ホーホケキョ〟と鳴けずに「ホーケキョ」と鳴くのと同じことだ。そのうちに鶏らしく上手に鳴けるようになる。その雄鶏の声をほほえましく私は聞いた。

ところが奥さんは納得せず、隣近所を心配するあまり、まだ三度しか鳴いたことがないのに、「これから近所に迷惑をかけるであろう雄鶏を何とかして！」とご主人に詰め寄った。

それで困ったご主人が私の所に相談に来た。

夫もそばにいる。

「鳴かない方法があるわ。寝るとき動物用の大きいケージに入れて寝せるのよ、そのケージは上下二段に分かれていて寝るのにはちょうどいい高さなのだけど、早朝、鬨《とき》の声を上げる時は首が上にすっくと伸びない高さで思い切り声が出ないから、うるさくないはずよ。このケージを貸してあげるわ。いらなくなって返せばいいから、これ使って見て」と言うと、「ケージに入れるのが面倒だ」とか、「家内が入れるのを協力してくれない」とか「インターネットで調べたけど、そう大して変わらないらしい」とかマイナスばかりをいう。

「では家の中で寝せて朝、外に出せば？」

「家内と大喧嘩になります」

「それがだめなら可哀そうだけど動物病院で声帯をとる？」というと、

「そんなこと私の考えに反します」

「とにかく貰って来たんだから、何とか奥さんと近所の人が納得する方法を一つ一つ試してみてはどう？」と言っても、ご主人は難しく話を持って行き、マイナスを言うばかりで全然先へ進まない。

人の物の考え方には二通りあって、何でもない簡単なことを頭で難しく、難しく回りくどく考えて、さらに余計なことまで考え過ぎてこんがらがってしまい、最後に決断が出来なくなる人……と、本当に難解な問題でも落ち着いてドンと構えて、ひとつ、ひとつもつれた糸をほどくように、パズルをとくようにあわてず、騒がず難しく考えず、簡単にことを運ぶ人……とがいるらしい。まさしく隣りのご主人は、ああ言えばこういう、こういえば、ああ言うと行動を起こす前からむつかしい。

「あなたはへ理屈よ」と一回りも年下なので言いたいことを言うと、「はい。私は、へ理屈野郎と会社でもどこでも言われております」とこれは素直。

「こうなったら、食うことにしようか」など私の一生懸命な気持ちも考えず、御主人は平気でのたまう。奥さんに言わせると、「ただの一度も鶏をさばいた事もないくせに出来るものですか」と冷やか。たまりかねて、「それじゃ私がその雄鶏なんとかするわ。二段のケージに入れてどのくらい声を落とせるのか試してみるわ」と言うとそばにいた夫が、「だめだ。自分の家の鶏は自分でなんとかしてもらいなさい」という。

「一週間だけ余裕を下さい、やるだけやってみるわ」と私が頼んでも夫は、「だめだ、ケージを貸してやりなさい」の一点張り。

男たちは揃いも揃って、何故一番良い方法を考えて実践してみないのか。それがだめなら、これ！これがだめならそれ！といつも模索する私にはやってみようともしない男たちの言動は不可解。

すったもんだの揚句、その美しい羽の若い雄鶏はとうとうイタチが出没するという元の飼い主のところに返された。そして一週間後イタチに食べられたそうな。

残された雌鶏は一羽になるとカラスが襲い出した。ある日、外出から帰ると庭先でうずくまるこの雌鶏に、カラスが二羽襲いかかっていた。カラスと雌鶏は同じくらいの大きさなのに、何と雌鶏のトサカはカラスに食べられて血だらけ、しかも目を突かれて怪我をしていた。私は大声でこの憎きカラスを追い払った。

それからは我が家の庭で前からいる年寄りの二羽の鶏と、合計四羽で遊ばせることにした。ところが一難去ってまた一難。今度は我が家の鶏の集団いじめが始まった。それでも逃げまどいながらも自分一人より仲間と一緒の方がいいらしく、いじめられても、仲間外れにされても、エサを食べられなくても我が家の庭で遊びたがる。

台風が過ぎた翌日の事だった。雨が降った翌日は庭の仕事にうってつけだ。草もぬきやすいし、涼しくて仕事がはかどる。いち早く庭仕事を始めた夫が、「今日は私が庭仕事するから、お前は庭に出てこなくてよろしい」という。私も庭の仕事がしたかったのだが、「まあいいか、彼は誰からも干渉されず自分でやりたいようにしたいのだ」とその日は家の仕事をすることにした。

「ギャアー」鶏のただならぬ声がした。

網戸をあけて外を見た。

夫は梯子に乗って何事もなかったように、相変わらず鋏を動かして木を剪定している。

「今、変な声がしたけど、大丈夫？」

「いいや、そんな声聞こえん」

「あら、そう！ 何でもないのね」と安心して引っ込んだ。

ところがこれは大変なことが起きる前兆だったのだ。今度はイタチが隣りの鶏に目星をつけて執拗に追い回して隙をねらっているのだった。それが手始めだった。

夫は何で、「何も聞こえない」と言ったのだろう。

ある人の話によると、男の脳と女の脳は生まれつきしくみが違っていて、男の脳は寝ていても、赤ちゃんの泣き声だとか、ただならぬ動物の声には反応せず、聞こえてないのだと言う。その代わり車の発進する音とか、刃物の触れあう音には敏感らしい。太古の昔、男たちは斧や石の矢じりを持って狩りに出掛けた。家で待つ女や子どもの為に命をかけて道具を使って戦利品を持ち帰った。それらの金属音が男の脳の中には、インプットされているのだろうか。赤子の泣き声は男にとっては安泰の象徴なのかもしれない。

しかし女はどんなに熟睡していても赤ちゃんが泣いた途端に電波が走るように、「ハッ」

と目が覚める。動物の鳴き声にも敏感だ。夜中に親にはぐれた猫の赤ちゃんの泣き声などが外で聞こえると、いてもたってても居られない気持ちになる。

貰われてきたこの鶏はこの世に産まれて十ヶ月。卵を産み始めて五ヶ月。雄鶏がいた時まで、私の顔を見ては「早く、早く出して」と小屋の中で大きく二羽でジャンプして、戸をあけてくれるのを今か今かと待ちわびて、うるさいくらい催促した。

我が家と庭つづきの隣の家は夫婦共働きなので、朝夕の出し入れを私がしてやる。外が大好きで夜明けとともに雄鶏のまねをして喉から声を振り絞って高らかに鬨《とき》の声をあげて元気そのものだったというのに、雄鶏がいなくなったのがこたえたのか、いじめに耐えられなかったのか、それともイタチの出現に命の危険を感じたのか、ある日、急に小屋から一歩も出なくなり、三段ある棚の上段から下りてこようともしない。見に行くと、恨めしげに〝ジットリ〟とした暗い目で見返し、前のような天真爛漫さも明るさもみじんもない。あんなに人に慣れて後から二羽でついて来ていたのに、今は首のあたりの毛を逆立てて攻撃的な素振りまでする。鶏はうつになり、引き籠《こも》りになってしまった。

鶏は本来とても食いしん坊だ。一日中食べ物を探している。しかしこの引き籠《こも》りはエサを持って行っても食欲がないのか、喜ぶ素振りもないし、食べようともしない。一週間経った。ご飯もほとんど食べていない。私が見てない間に水と多少のご飯は食べているのだろうが、一番上の棚にすわったきりで動かない。三週間たった。もちろん卵もパッタリ産まなくなった。健康な時と病気の時はこんなにも目が変わってしまうのか。病気といっても心の病気と体の病気とは顔つきや目つきがまた違う。

体が病気の時は、健気にひたすら我慢をしていて、声も出さず目が合うとすがるようでもあり、あきらめたようでもあり、弱々しい目つきで人の姿を追う。そんな時は様子を見て、お腹をこわしているようであれば、人間の赤ちゃんに飲ませる一錠の薬を体重に合わせて四つに包丁で割って処方する。

だいたいこれで元気になる。長い間の経験で私は動物のお医者さんみたいに、動物たちの病気やけがの対処はたいていの事は出来る。くちばしの両側を押さえて喉の奥に薬を入れたり、水が飲めない犬や猫の水の飲ませ方や、怪我したところはなかなか触らせてくれないのをスプレーで瞬時に消毒したり、傷口を洗ったり。避妊手術の後の糸取りは看護師さんの手元を見て覚えた。手術は出来ないが傷の治り具合を見て糸を抜く事はできる。

ところが心の病であれば要領はまるで違う。どうしてよいやら、戸惑うばかりだった。

初夏の朝、から揚げコッコの姿が消えた。

呼べばどこからでも、矢のごとく跳んできたのに、鶏小屋はもちろん、犬小屋にも縁の下にも隠れていそうな場所をあちこち探すけど、みつからない。自分の実家にこっそり帰ったのだろうか、もしかして、イタチに襲われたのなら、羽でも散らばっていようが、そんな形跡もない。どうしても諦めきれず、一メートルの高さに成長したコンフリーが群生している中をかきわけると、そこにしゃがんでいた！　だれにも邪魔されず、外からは見えない場所をよくみつけたものだ。しかも最近卵を産まないと思っていたら、五個も隠して温めていた。

しかしここでは雨が降るとずぶぬれだし、もともと雄鶏がいないコッコの卵はいくら温めても、孵《かえ》るはずもない。しかしから揚げコッコはどっかり腰をすえて、もう何があっても雛《ひな》を孵《かえ》す気迫に満ちている。

そこで出産の準備を整えてやることにした。まず、金モクセイの大木の下に犬用の大きなケージを運んだ。夏の暑さに耐えるには木陰で風が通り、雨もよけられて、外敵から守られて安心できる場所だ。ここならリビングから、コッコの様子も覗える。そして底が平たい大きめのザルを用意した。その中で温めないと卵がどこかに転がってゆき、一晩でも親鳥の体温から離れると雛は孵《かえ》らない。ザルの利用法は子どもの頃、母が使っていたのを見たことがある。そして近くの養鶏場から有精卵を五個買ってきて、コッコが場を離れた隙にそっとすり替えた。

から揚げコッコは何事もなかったように、食事の時間さえも惜しんで温め続けた。卵は油断するとコロコロ転がり出てしまう、それをくちばしで自分の胸の羽毛の中に引き寄せる作業を何度となく繰り返す。気温は三十度を越し、水さえ飲みに行く気配もない。元来おしゃべりのコッコは、一日中庭で自由気ままにひんやりした土を掘ったり虫を探したり、歌を歌ったり、羽を干したり伸ばしたりと、好き勝手に暮らしていた。それがどうだ、ひとつの大きな目的が出来ると、声も出さずただひたすら集中する。その忍耐力に私は敬服してしまう。口もとにご飯と飲み水を差し出すとそれは食べる。飲み残しのビールも時たま差し入れする。片時も卵のそばを離れたくない様子なので、毎日ご飯を運ぶことにした。感心な事に部屋は汚れていない、卵がよごれないように、まとめて外でフンをしている。トイレだけが外に出る用事らしい。

八十五歳の義母が近くの病院に入院している。私は病院に行くときはいつもなにがしかの楽しい笑える話題を心がけて行く。

「今、鶏が卵を抱いて三日たちました、何日でかえるのですか?」と尋ねると、『二十一日』と明確な答えが返って来る。そしてカレンダーに毎日印をいれ始めた。鶏の話が軽くて面白くて病院ではなかなか楽しい。

初めて卵を抱くのは気苦労の連続らしい。あんなに大事にしていたのに卵に二個もヒビを入れてしまった。報告すると、「それはもうどんなに抱いてもつまらんばい」と、義母は経験を話す。

二十一日目が近付くと、「もうすぐばい、ほんなごと、孵《かえ》るやろうか」とヒヨコの誕生を待ちわびる。先が長くない義母は、たとえ鶏であっても新しい命の誕生には希望と喜びがあるのだ。義母は自分の病気を一時忘れたかのようだった。

二十一目が来た。でも昨日と何ら変わりない。から揚げコッコは相変わらず羽を広げて、どかりと腰をおろしている。翌七月十六日、気のせいか、「ピヨピヨ」と羽の下からか細い声が聞こえた。それから二日して、黄色いヒヨコが羽毛の間から顔をのぞかせた。私と目が合うとあわてて引っ込んだ。やったあ！ でかした！ 本当に生まれたあ！

でも残る二個の卵をまだ温めている。それから五日間も温めて、やっと諦めたようでそこをはなれた。その卵はなぜ孵《かえ》らなかったのか、知りたい思いにかられた。

一つ目、そっとカラをはがして見ると、卵のなかできれいにヒヨコに出来あがっていた。なぜ孵らなかったのか、心当たりが一つあった。卵がコッコの目の前にあれば気がついてくちばしで羽毛の中に入れるのだが、その卵は尻尾のほうにあった。真夏といえ一晩でも懐の体温のないところにいると、死んでしまうのだ。私はそのことを知っていたのにと後悔した。もう一つは無精卵だったのだろう、水だった。

さてこの親子、寝ても覚めてもぴたりとくっついて、ピヨピヨ、ココ、ココと何かしゃべっ

サブとから揚げコッコ親子。犬も猫も鶏も皆兄妹。一緒に遊ぶ

道に散ったモッコウバラを掃き集めて小鳥の部屋の階段に撒く（天草大王）

他人の卵を抱かせた罪悪感を忘れるほどの可愛がりよう（から揚げコッコ）

ている。亀のように背中に乗ったり羽毛に飛び込んだり、から揚げコッコも母性愛まるだしで、もう可愛くて嬉しくて仕方ない様子だ。わが子でもない子を抱かせた、私の罪悪感が薄らぐ程の可愛がりようである。

犬のサブもヒヨコの誕生に興味津々でいつものぞきに来る。数いる猫たちは、どうやってヒヨコを捕らえようかと、隙を窺っているようで油断がならない。そこで、ヒヨコがある程度大きくなるまで、ケージを網で覆い、飼うことにした。そのうち猫も犬も家族と認めるはずだ。何しろ母鶏のから揚げコッコは、この家の動物たちの女王様なのだから。

時々コッコだけ外に出すとヒヨコが後追いして泣きわめく。その声を聞くと矢も盾もたまらず跳んで帰ってくる。母の愛の強さは人間も鶏も変わりないものだと胸が熱くなる。

病院にいる義母には写真を撮って報告する。数年前、我が家の犬と猫が抱き合って眠る写真があまりに可愛くてカメラのキタムラに現像に行くと「この写真預からせて下さい」という。そしたらその写真がフォトコンテストに入選し、雑誌に載って賞金をもらった。コッコ親子の可愛い写真を見て、義母は「今度は、から揚げコッコとヒヨコで稼ぎなさい」という。これには本当に驚いた。気位の高い義母はそんな冗談をいう人ではなかった。ヒヨコの誕生は義母をも存分に楽しませる材料になった。

秋の風が吹くころになると、ヒヨコもずいぶん大きくなった。猫が家族と認知した確信がついて庭に放した。元農家の我が家の庭は私も持て余す広さだ。これは、コッコ親子にとってはジャングルみたいなものだろう。カンナの林をぬけると、紫陽花の木の下にはおいしいミミズがいる。進んでゆくと、食わずイモの群生が続き、雨が降っても大きな傘の下にいるようだ。枇杷の木、サクランボ、栗の木、いちじくと、四季を通じて落ちた木の実のうまさもさることながら、とりわけ大好物の虫がいる。やわらかい土を少し掘ると出てくるのが根切り虫の幼虫で、これを見つけた時には声が違う。のどの奥から、さも嬉しいとばかりに、「クオー、クオーご馳走見つけた」と、歌うような声を出して知らせている。しかもその餌をコッコは食べず、全部ヒヨコに食べさせ、満足そうにそばで見ている。

ある日ヒヨコを移動させようと抱きかかえたら、怖がってただならぬ声でコッコに助けを求めた。駆けつけたコッコは目の前で突然宙に浮いた瞬間、何と私にとび蹴りをかけてきた。突然のことで、ヒヨコを取り落とした。コッコとヒヨコ親子は、花しょうがの木の下に走って逃げた。捨て身で子供を守る姿を初めて見た。

日暮れになると、ヒヨコを誘ってねぐらに帰る。眠るときも体を寄せあって抱き合い、温め合って冬を過ごした。

一年過ぎて、ヒヨコは立派な鶏に成長した。卵を産んだので雌だとわかった。コッコとは似ても似つかぬ白色レグホンで、貰ってきた養鶏場の話では、シャモの血が混じるので気が荒いという。この頃は、コッコが見つけた根切り虫の餌を当たり前のように横取りしている。親鳥のくちばしにあるものも当然のように食べてしまう。

それどころか、体が一段と大きくなり、何か状況が変わってきた。あの元気者のコッコが恐れている。ヒヨコを抱いて寝ていたケージに入ろうとしない。私が出入りする勝手口に何か助けを求めるように座っている。何故だろうと不思議に思ったが、私はイタチを恐れてケージに連れ戻しておいた。

翌朝、コッコのとさかは血まみれだった。

なんとケージ内で家庭内暴力が起きていたのだ。

三週間も飲まず食わず温めて、やっと生まれて、周りの危険から身を挺して守り、犬や猫が本当は危険な動物だと教え、おいしいご馳走は全部ヒヨコに食べさせた。生きるすべである餌の取り方や見つけ方を伝授し、大切に可愛がって育てた挙句がなんとこの有様。この親不幸ものが、親に手をあげるか？と鶏ながら私は腹が立って仕方が無い。

仕方なくねぐらを分けてやって一ヶ月が過ぎた。コッコは可愛がって育てたわが子を恐れてビクビクしている。その二代目コッコが私をも襲い始めた。後ろから口ばしでつついたり、争う構えだ。多分自分が主人になる儀式を始めたらしい。猿まわしの猿も、初めに噛んで主従関係を教えないとうまくいかないそうだ。馬も頭がいいから自分より軽い人間と見ると、騎乗している者が頭をぶつけるところにわざと連れて行くらしい。

我が家の犬サブはご主人さまに服従するが、自分の地位は鶏の次と決めているのでうまくいっている。主従関係をはっきりさせなければと思い、二代目コッコが喧嘩をしかけてきたのでプラスチックの餌の容器で、いやというほど三回力を入れて叩《たた》いた。毛を逆立てて向かってきたが、四つ目が当たると、すたこら逃げて行った。それきり、決して突いたり手向かったりしてこなくなった。私が主人だとやっと認識したらしい。それにしても、コッコは腕力いや脚力？に頼らず女王様になったのだから、たいしたものだ。

ある雪の朝、起きてリビングのカーテンを開けると、いつも全速力で走って来て「おはよう」と挨拶するコッコの姿が無い。

あたりを見回すとサザンカの木の下に、倒れこんでいるから揚げコッコが見えた。すでに息絶えていた。羽が散らばって、何かに食われた跡がある。この子だけは幸せな鶏代表になってもらおうと思っていたのに食用になる運命には抗えなかった。十年も生きていたので肉はかたくて歯がたたないらしく、ほんの少し脇の下を食われていた。サクランボが色づくと、ねらってくるカラスを一日中追っていた姿を思い、大好きだったサクランボの木の下に埋葬した。

養鶏場の鶏は、卵を生み始めてしばらくすると休む。少し待つとまた卵を産むそうだ。だがその間、餌がもったいないので食肉にして、別にひよこを調達して育てる。だから養鶏は一年も生きていないのが実態だという。肉用の若鶏は三、四ヶ月で出荷するそうだ。

から揚げコッコは十年も生きた。きっとたくさんの体験をしたに違いない。

二代目コッコは親が教えたように、同じ生活をしている。犬や猫と仲良くし、夕方は自分で小屋に入る。庭の草と種を食料にし、蛋白源は虫だ。梅雨になると縁側で雨宿りをしている。ちゃっかり犬の座布団を拝借して。親の教育がしっかり生きている。

から揚げコッコが死んで、まもないある日のことだった。

根切り虫を見つけた二代目コッコは、それを食べようともせず、コッコを探し始めた。いつも自分が呼ばれていた同じ呼び声で、「クオー、クオー」と、のどの奥から何度もから揚げコッコを呼んだ。逃げていく根切り虫を連れ戻しては、「早く早く、お母さんの大好物見つけたよ。クオー、クオー」

いつまでも呼び続けていた。

## 大雪の朝――冬の鳥たち

大陸方面から大寒波が押し寄せ、日本列島は何十年か振りの大雪に見舞われた。土曜日から降り始めた雪は、日曜日の朝には山も田んぼも一面を銀世界に覆った。目が覚めて外の雪景色の美しさに息をのんだ。三、四十センチは積っている。

餌を求めて雀の集団が庭に舞い降りてきた。その一団は雪のプールに飛び込むかのように、雪崩に巻き込まれるように、ズボッと雪の中に入って姿が見えなくなってしまう。辛うじて頭と背中の黒い羽が雪の谷間から少しばかり見えている。そこへ警戒心が強くてなかなか庭へは降りて来ないカササギが、二羽飛んで来た。見ていると、足と口ばしで冷たい雪を掘り始めた。すると食べ残しの餌が入ったオレンジ色の容器を雪の中から探り掘りあて、二羽でついばみ始めた。昨日鶏に与えた残り餌だ。大雪に埋もれた餌があの場所にあるのを日頃見ていたのだろう。

カササギは佐賀平野を中心にこの辺りに広く分布している。大きさはカラスに比べて一回り小ぶりで白と黒のコントラストの羽だ。しかしよく見ると黒に見える羽は実は紺色とグリーン色が混じりそれが黒色にとけて、ため息が出るほど魅力的。しかも鳥の中では大きな脳を持っていて老人や子どもは警戒しないが、猟師や若い男性等、危害を加えそうな人を識別するそうだ。

豊臣秀吉が朝鮮出兵の際に佐賀を通りかかると「勝ち、勝ち」と鳴いたので、秀吉は「縁起が良い」と大いに喜び、それからこのカササギを「カチガラス」と呼ぶようになったそうだ。しかし韓国ではこのカササギを昔から「カチ」と呼ぶらしい。

カササギは餌にようやくありついたが、雀には気の毒だ。餌になる草も種もあまりに深い雪に覆われて、雪に飛び込んでも探し出せず、今日一日米一粒もありつけないのだろう。

明日も大雪予報。

そこで庭にある円形のガーデンテーブルの雪を払いのけて餌台をつくってやることにした。まず食パンを一枚、テーブルの中央においた。一面の銀世界の中、グリーンのテーブルの色があまりに目立ち過ぎて、雀はそれを罠だと警戒し、なかなかパンを食べに飛んで来ない。でも、ファーストペンギンのように危険を顧みず、いの一番、未知の世界に立ち向かう最初の一羽がどこにもいるものだ。ファーストペンギンとは餌を捕りに危険な海に一番最初に飛び込む勇気あるペンギンの事だ。

ところが海にはアザラシやシャチが、ペンギンを食べようと待ち構えている。その危険な海に自分の命の危険を顧みず勇敢に海へ飛び込む一番最初のペンギンと同じく、一羽の勇気ある雀がパンをついばみ始めると、固唾をのんで見守っていた雀の集団が屋根の上から次々飛び降りて来る。面白いことに雀たちは食パンを行儀よく取り囲み、周りの耳の固い所からついばんでいく、三十羽程の雀の集団がパンの形を崩さずに周りから攻めて食べていくと、パンは段々小さくなる。それに従い雀の輪も小さくなる。なるほど！　こうすると一度にたくさんの雀がありつける。パンに乗ったり、持ち去ったり、勝手をする雀は一羽もいない。

その中に去年の秋に生まれた子雀は、親と同じ大きさになっていながら、羽を震わせて、「ごはんちょうだい」と親雀に甘えてねだる。老いぼれ雀もいる。羽はボロ布を纏《まと》ったように色艶もなく、毛ばだってふくらんでいる。若い雀達は盛んに小きざみにパンをついばんでいるのに、老いぼれ雀一羽だけヨタヨタモグモグ。ワンテンポ遅れてようやく食べている。

猫の鳴き声がした！　三十羽の雀がいっせいに羽音を立てて飛び立った。

しかし、老いぼれ雀は耳が遠く目が良く見えないのか、気づかず、まだ食べている。皆よりずっと遅れて最後にようやく飛んだ。老いぼれ雀は猫も狙わない。雀が飛び立った後には二センチ四方の小さな白いパンくず一つ。降って来る雪に埋もれて、だんだん見えなくなった。昔、アラスカでゴマアザラシが鮭を追いかけて海から川を上って来るが、すぐ捕まる年寄りや死にかけている鮭には目もくれず、元気な若い鮭だけを追いかけるのを目撃したことを思い出した。すぐ捕まるのは面白くもないし、美味しくもないのだろう。

この大雪の日、気にかけてる「ジョウビタキ」はまだ来ない。ジョウビタキは秋に渡って来る冬鳥である。大きさは雀くらいで、しぐさと声が可愛らしい。尾羽を小刻みに震わせながら時折小首をかしげる。黒とオレンジの美しさが際立っており、秋も深くなると庭先に一羽で姿を見せる。日本で越冬する間は雄も雌も単独で過ごす。警戒心があまり強くないようで、二メートルくらい近づくと踵を返し木の枝に飛んだりするが、すぐに戻って来て、土の上で虫等探している。

草取り作業をした後にミミズや虫の御馳走があると、知っているようだ。毎年来るジョウビタキと同じかどうかわからないのだが、この鳥は縄張り意識が強いらしいし、人に案外慣れていて庭仕事をしている間中、何時間もすぐそばで遊んでいる。だから私は毎年飛んでくるのは同じジョウビタキだと思っている。

幼くして失明した箏曲家の宮城道雄は毎春、庭先で鳴く小鳥が同じ鳥であると、聞き分けたという。目の見える家人には分からぬこの秘密を「春の訪れ」という曲にしたそうだ。

〈上〉絵本作家、ターシャ・テューダーを真似て落鳥(カササギ)を写真に収める
〈下〉毎年冬に訪れるフレンドリーな鳥。ジョウビタキ

外は大雪が降っていても鳥たちは、いち早く春の兆しを感じている。

雪が解けた小春日和。

部屋で飼っているカナリアの恋の季節が始まった。茶色の雄がとびきりの美しい声で雌を誘いかけ、クルクルピーピーチュンチュンと一日中鳴きはじめる。雌はレモン色で頭にグレーのベレー帽をかぶったように見えるので名前はベレー。この子は三年前に我が家で産まれたカナリアだ。巣に敷く藁や紙を持ち込み巣作りの準備に余念がない。とても元気だ。静かになったと思うと、ベレーが巣にどっかり座り込んでいる。餌を食べに巣を離れた隙に覗くと卵がひとつ。次の日に又一つ、その次の日にも又一つ、全部で三個だ。卵を羽で大きく包み込んで何時間も何日も忍耐強く巣にしゃがんでいる。まだ寒いのに抱卵がはじまった。

数日後、籠の中を覗いてみると、卵を抱いているベレーの様子が変だ、ただならぬ事態のようだ。苦しそうにもがきながら羽をふくらませ、体じゅうで大きな息をしている。鳥をたくさん飼った経験から言うと、これは非常事態！　卵詰まりかもしれないと考えた。今、この事態をほっておいて夕刻帰って来た時は多分ベレーは死んでいるだろう。

鳥の命は、はかない。時計を見ると出掛けるまで一時間の余裕があるが、病院へ連れて行く時間はない。左手でベレーを捕まえ、腹の具合いを右手で調べた。ベレーは飛んで逃げる事さえ出来ぬほど弱って無抵抗。お腹はパンパンに膨らんで成長した卵の形が透けて見える。

やはり卵詰まりだ。しかもその卵の一か所が割れて黄身が腹を通してゆらゆら透けて見える。雄が追いかけ回し、はずみでお腹の中で卵が割れてしまい、産み出せずに苦しんでいるのだ。この割れた卵だけでも体の外に出してやらないと、死ぬほど苦しいだろう。自分のお産経験からもわかる。

そこで鳥のヒナに食事を与える時に使うスポイトとオリーブオイルを小さな皿に用意した。それからハサミ、消毒薬を揃え、卵詰まりの時は介助して出してやらねばならないと本で調べたとおり、ベレーをあおむけにしてお尻を覗き込んだ。ところがお腹があまりに大きく腫れているので、肛門が隠れて見えない。探しだせない。それで眉を整える時の小さな鋏でその辺りを傷つけないように毛を刈ると、ようやく見えてきた。オリーブオイルでお尻の穴をぬらし、スポイトでするりと中身を吸いだせるよう準備した。スポイトの先は細く丸くなっている。傷つけないよう吸い出すと、少し異物が出てきた。用心しながら何度か繰り返すと、「ザァー」と羊水のような水が流れ出した。

もうこれくらいで無理はすまい、卵の殻は残っているが、少しは楽になったはずだと思い、私が帰って来るまで生きている事を願い心配しながら出掛けた。病気の時はまず温かくすることが一番肝要。白い布で籠をおおい、温かくしてそこを離れた。

外出先でも気が気ではない。

夕方急いで帰ると何をするよりまず一直線にベレーを見に行った。

死んだかもしれない……。そおーと布をはぐとベレーは生きていた。安心した顔をしている。しかも餌箱に乗っている。そこが一番温かくていつでも餌が食べられる。見ていると茶色の雄が口うつしにベレーにごはんを食べさせて介抱しているのだった。鳥が口うつしに餌を与えるのは、恋の始まりの時と、ヒナに餌を与える時、それと結婚相手が病気した時だけだ。『自分がどんなに心配したか、大丈夫？』と雄が言っているみたいで胸がキュンとなる。その夜も「明日の朝まで死にませんように」と私は祈りながら温かくしてやり、床に就いた。

翌日、まだ体に残る物を少しでも出した方がいいだろうと考える。

あの割れた卵の殻がまだ出てないのだ。かたい殻はカルシウムだからお腹のなかでは溶けないだろう。何処まで出来るか分からないが、無理はすまい。とにかくお腹の余計なものが何とか外に出ないだろうか。

比較的元気になったベレーに、スポイトで水を飲ませた。何度か飲ませていると水が肛門へ直行するようにたくさんのフンをした。と同時にくね曲がった卵の殻が下に降りてきて、お産のようにオリーブオイルで介助すると羊水と共にスルリと全部出たのだった。

私はまるで鳥のお医者さん！

# II

# 妹の贈り物

# 夢の中

昨晩夢を見た……。

私は旅に出るために田舎の無人駅の暗いホームで、始発の列車を一人待っている。夜明け前は、電燈のあかりも薄暗く人っ子ひとりいない。寒くて寒くて、遠くへ行くのに厚手のコートを持って来なかった事を、とても後悔している。どうしよう、今から取りには帰れない……。と、そこへ電話も連絡もしてないのに、妹の和子が私に手渡すために厚手のコートを持って改札口をぬけて来た。見慣れたその黒のコートは衿に赤を使ったお洒落なデザイン。このコートが気に入って妹に度々貸してもらっていた。若い頃、私達姉妹は洋服を少ししか持っていなかった。しかもコートは確か一着だけ。それなのに何度も貸してくれた。

そして改札口を通りぬけた所でハッと目が覚めた。妹の十三回忌も済んだというのに何故こんな夢を見たのだろう。

昔はとても寒かった。私にコートを貸した日、妹は何を重ね着して出勤していたのだろう。覚めやらぬ頭でぼんやり考えた。夢の時間と現実時間は同じ夜明け前。辺りは、後二十分もすると薄紙がはがれるようにやわらかな光に包まれる。クーラーをかけたまま、冷え過ぎた夏の朝を迎えたようだ。こんな夢を時々見るのは、次元の違う未知の世界で私と妹は魂の交流があるからだろう、と感じている。

三歳違いの私と妹は誕生日が同じ三月で、毎年吟味されたプレゼントが、私の誕生日九日に届けてくれた。その十日後が妹の誕生日、生涯独身だったので度々プレゼントの代わりに一緒に舞台を見たり音楽会に行ったり旅行をしたり。喧嘩もしたが、とても仲良しの姉妹だった。

子どもの頃の私は色白で元気で太って逞しかった。しかし妹は色黒で病弱、やせっぽちのおとなしい子。私が小学六年生、妹が三年生の時だった「クラスの男子に虐められている」と聞いた私は妹のクラスに乗り込んだ。給食が終わる時間で先生はいなかった。私は教壇で仁王立ちになり「和子をいじめたのは誰か！　出て来なさい」と大声を張り上げた。やんちゃ坊主が茶化して教壇の前で悪ふざけた．その子の腕を取り「お前か！」というと恐ろしさのあまり、腕をふりほどき、泣きながら逃げていった。教室はしーんとなり妹は目が点になり、事の成り行きが早く治まるのを祈るしかなかったと言う。その後いじめはピタリとやんだ。

高卒後、妹は大手の建設会社に就職した。支店勤務を経て小さな工事事務所に配属されてから、いじめが始まった。そこの責任者の男性が潔癖症で、妹の掃除の仕方や仕事が気に入らないらしく、厳しい叱責が度々で、誰もフォローしてくれない。優しくおとなしいばかりもいじめの対象になるらしい。どうしたら良いやら考えた揚句、誰にも相談せずに私は行動を起こした。デパートで人数分のワインボトルを買い、事務所に乗り込んだ。平身低頭「気がきかない妹でございます。どんなにか、皆さまを苛立たせていることでございましょう。注意するべき所は私からも教えます。どうかどうか宜しくお願い申し上げます」と丁重に頭を下げた。所長はその時とても驚いたそうだ。事務所の人達も「これ以上驚いたことはなかった」と言い、それ以後いじめは治まり、程なく支店に戻ることが出来た。

「姉ちゃんは子どもの頃からいつも私を守ってくれた。色黒の私はカラスだ、クロンボだと友達からさんざん虐められたけど姉ちゃんはどんなに喧嘩しても、一番気にしている色黒を決して一度も指摘しなかった。和子をいじめたのは誰だ、出て来い！ってね。大人になった今も昔と同じ……」。

しかし病弱だったことだけは私にはどうすることも出来なかった。妹がすい臓癌になった時も彼女に寄り添うだけで、助けるにはどうすべきかが何も解らなかった。発病してからは、体を蒸しタオルで温め、優しくマッサージしてあげた。すると深呼吸が出来て楽になると、とても喜んだのもつかの間、たった四ヶ月の後、五十六歳で帰らぬ人となった。

妹はがまん強く愚痴や辛さを口にしなかった。余命幾許も無いと察知した時、「姉ちゃん、今ここで泣いてもいい？」と言ったのに、私はオロオロして、「和ちゃん泣かんで！」と泣き声で答えてしまった。今から考えると気が済むまで、オイオイ、ワンワン一緒に泣いてやればよかったのにと思う。二人して思いきり泣けば涙も枯れ果てて、最後は執着を手放して、現実を受け入れ諦めもついただろうに……。

入院する時、妹が五、六年もマンションで一緒に暮らしていた黄色いカナリアを預かることになった。カナリアはとびきりの美しい声で毎日歌ってくれた。友達であり家族であり、十分に妹を慰めてくれていた。

妹が亡くなってカナリアは妹から私への「贈りもの」になった。カラスが泣かない日はあっても私の涙がこぼれぬ日は無かった。心配した友人が「そんなに泣いてはいけない」と言うのだが、妹は父も母も夫も子もなくて、泣いてくれるのは、私ただ一人だけなのだから、諦めがつくまで泣いてやりたいと思った。

妹の忘れ形見となったカナリアは、私の寂しさをことの他慰めてくれた。妹は美声だったから、カナリアのさえずりは、妹の歌声に聞こえた。このカナリアにもお嫁さんを見つけ

「つがい」にすると、卵を生んで温めてヒナが生まれて家族が次々増え、一時期十八羽までふえた。命の誕生に夢中になったお陰で次第に悲しみは薄れ、泣いている暇はなくなった。その後鳥カゴの住人はカナリアの他に、文鳥、ボタンインコ、ウズラ、鶏、金鶏、相思鳥など次々増えていった。

沢山の鳥を飼うと世話が大変だが、楽しくて、鳥全般の生態や病気にも詳しくなった。そして炬燵《こたつ》で鶏のヒナを孵したり、難しいキジの抱卵等も成功させた。病院に連れて行かなくても、ある程度の怪我や病気にも大体対処出来るようになり、自称「鳥のお医者さん」と名乗る。人間も動物も鳥も、生と死すべては自然の摂理、成り行きで生老病死は自然なことであると、鳥を通して学び、深い悲しみに翻弄される事がなくなった。生き物の死に際しては「ありがとう。楽しかったよ、又一緒に暮らそう」と埋葬する。

それから鳥たちの作品を随筆に生き返らせると、ありし日の元気な姿がよみがえり、題材は無尽蔵に次々あふれ出てくる。妹を亡くした喪失感からも解放された。

妹は私が寒がっていると、コートを持って夢の中で駆けつけてくれる。

カナリアの贈り物で「私の分まで生きて」と新しい人生の展開を応援してくれた。

〈上〉「二人でいつか本を作ろう、挿絵は私が書くから」と約束した妹の画
〈下〉樽とワインでレイアウトした玄関アプローチを写生する妹の和子

# カナリア

妹の和子はカナリアを一羽飼っていた。ルルと名前がついていた。暗い誰もいないマンションの部屋へ夜「ただいま」と帰ると、「ピピピピ お帰りなさい」と必ず迎えてくれた。

朝、会社へ出る時、「行って来ます」と声をかけると、「ピョル ルルルー、行ってらっしゃい、早くお帰り」と送り出してくれるルルちゃんに、妹はどんなにか慰められたことだろう。

ルルちゃんは久留米の石橋文化センターで開催された美術展を、私と妹二人で見に行った帰り、バス停の前の小さな店でカナリア愛好家らしい老夫婦が売っていた鳥だ。定期的に開かれる品評会で囀《さえず》り方や、声、羽の美しさを競い合う会が開催されている。

カナリアを見つめるお爺さんの目が愛に溢れていた。そのお爺さんを見つめるお婆さんも上品で優しかった。「この子はよう、囀《さえず》りますばい」と言うお爺さんの勧めで、妹は一人暮らしの寂しさを紛らわすのに、小さな鳥カゴに入れたオレンジ色のルルちゃんを大切に胸に抱いて電車に一時間もゆられて連れて帰り、七年間も一緒に暮らした。

妹はその後、癌を宣告され、病院に入院する時に私がルルちゃんを預かることになった。ルルちゃんは我が家に来てから鳴いて鳴いて、近所から苦情が来ぬかと心配するほど鳴いた。カナリアの醍醐味は鳴き声にあり、十種類くらいの美声をもって使い分ける。しかしそれは「寂しい恋しい」と相手を呼ぶ声で、どこかにいる雌に自分の存在を知らせようと囀《さえず》り続けるのだという。もしかして二度と帰らぬ妹を待ちわびて、呼んで探して恋しくて、鳴き続けていたのかもしれない。そんな事を考えると妹と重なり、ルルちゃんにも一緒に暮らせる相手を見つけてやりたい、と思うのだった。

カナリアの年齢にしてはルルはかなり高齢で、つがいにしても、ヒナを授かるのは無理かもしれない。

しかし、妹には出来なかった結婚と老後とやらを、ルルちゃんに与えてやりたいと思い、その連れあいを探すことにした。

ある日、「もう、そろそろ縮小しようと思う」というカナリア愛好家の情報を聞きつけ、何羽か譲ってもらうことにしたのは、まだ寒い冬のことだった。もらった中の一羽と仲良くさせようとルルちゃんのカゴに入れたのだが、どうもしっくりこない。若い雌が年寄りのルルちゃんに不満そうだ。ルルちゃんもオロオロして落ち着かない。ペアを組みなおして好きな者同士にしよう。

やがてルルちゃんも気になる雌を見つけ、ようやく巣引きを始めた。雌が卵を抱く準備が始まった。お互い中年同士で相性が合うようだ。

一月二十五日に卵を温め始めて二月十一日に孵《かえ》した。餌箱の中に卵の殻が入っていて、産まれたとわかった。母鳥が羽ですっぽり覆っているので中のヒナはまだ見えない。外は雪が降る日もあり、親鳥がしっかり保温しないとヒナは生きてはゆけない。巣から離れない雌にルルちゃんは餌を運び、口うつしで食べさせる。雌は甘え声で羽をふるわせ、体中に喜びを表現し、感謝を告げる。五日もするとヒナにふわふわの産毛がおおってくる。

十日目に目が二ミリ開き、その次の日のことだった。

その日、外はぽかぽか陽気で、一ヶ月近くも窓を閉め切って、籠を布でおおったままなので、すこし外気を取り込んでやろうと思い、籠の奥にある部屋の窓を開いた。何時間か過ぎて、窓を閉めた時、母鳥が興奮していたようだったが、私はそう気にも留めなかった。

翌朝七時、家族の弁当を作るのに卵を茹でた。次はシャケを焼く手順だ。その前にリビングに続く小鳥の部屋をのぞいて驚いた。なんとヒナは夕べ母鳥が抱いて寝なかったらしく巣の中で冷たくなっていた。ルルちゃんはどうしていたのか、二月にヒナだけで一晩明かすということは死を意味する。

昨日私が窓を開け、余計なことをしたばかりに母鳥を恐がらせたのが原因だと悟った。でも諦めきれない。グッタリしたヒナを手に取ると、芯から冷えて氷のよう。私の不注意で死なせてしまったと後悔しても後の祭り。それでもあきらめきれず、手のひらで温めて「生き返って」と心に強く念じた。

そう！ 茹で卵がある。熱々の茹で上がったばかりの卵で私の手の平をしっかり温めて、それでヒナを両手で覆《おお》い、祈る事五、六分、もしかしたら十分か十五分位経っていたかも知れない。

「生き返って」母が昔、鶏を何とか生き返そうと唐辛子水で必死の治療を試みたように、私は熱々卵でヒナの生還を念じた。どのくらい経ったろう。私の手のひらにかすかに蟻が這うような何かを感じた。それは温めたことにより、止まっていた心臓が再び動き始め血液が流れ始めたのだ。ほのかな鼓動を、手の平が察知したようで、暫くすると足がひくひく動いた。

夫の弁当などもう眼中にはない。夫も今日は弁当なし、と心得ていて、「誰かに相談したら？」と心配そうに覗き込む。

その日ペットショップに行って親鳥が放棄したヒナの育て方を教えてもらい、ヒナ用の栄養強化餌を買ってきた。教えてもらったとおりに口に運ぶがなかなか難しい。しかし今晩も抱いて寝なければ明日は本当に死ぬかもしれない、パソコンを使う時使用する足元電熱器を、近すぎず遠過ぎずほんわか温かくなるように、最善を尽くしてその夜はヒナを眠らせた。

朝、ヒナは生きていた。ご飯を口に持って行くがなかなか口をあけてくれない、とにかく難しい。いちかばちか、親に返してみよう。と思い巣に戻したところ、ルルちゃんが小躍りして喜び、「何処へ行っていたの？ どれほど心配したか」と、母鳥はヒナを巣でいとおしそうに抱いてくれた。

ああよかったぁ、と思う間もなく、その翌日ルルちゃん夫婦に派手なけんかが始まって、ののしり合っていた。いつも優しい似たもの夫婦なのに、勝手に推測すると、「お前がチャンと抱かんからヒナを死なせるところだった」とルルちゃんが抗議し、「あんただって、もっと協力してくれたらこんなことにはならなかった」と母鳥も負けてはいない。それからというものは、ルルちゃんは巣の母子を守って番をするかのように、いつもそばに付くようになった。

ルルちゃんは、母鳥がエサを食べに行って不在の時は、自分でヒナを抱くようになった。そしてヒナに餌を食べさせる役目もするようになった。夫婦で餌を食べさせるものだから、ヒナのお腹は大きくふくらんで頭と同じ大きさ。そんなに食べさせて大丈夫だろうか、と心配するほどだ。しかも畑の菜の花を野菜として与えるので、透けた胃袋から緑と黄色の美しい菜の花が手にとるように見えて異様な光景。ルルちゃんは初めぎこちなく、がに股で足の間にヒナの姿が見えるように抱いていたが、だんだん上手になって、ふんわり羽を広げて抱けるようになった。

そのうちヒナに食事を与えるのはルルちゃんの役目になった。

カナリア夫婦は経験を積んで、ルルちゃんはさらに育児に協力するようになった。それから一週間するとヒナは巣のふちに自分で立って広い世界を見渡すようになった。もうすぐ巣立ちだ。一ヶ月すると親と同じ大きさになった。

数年が過ぎた。カナリアは増えて、孫も、ひ孫も生まれた。久留米の文化センターの美術展に今年は一人で出掛けた。

バスを降りて文化センターの前の信号まで歩く。その信号の前に小鳥を売っていた小さな古い店は、空き家となっていた。

あの優しかった老夫婦はあれからどうしたのだろう。家族がいれば取壊しになるか、売りに出された筈で、古い店のままの状態では無かろう。誰も後の事をする人がいなかったのか。妹と二人、この店で「この子が可愛いだの、羽の色が美しいだの、声がとびきりいい」とさんざん楽しんだ老夫婦の店は時間が止まったまま廃屋となり、今もそこにある。しかし昔のままの廃屋はルルちゃんと妹に出会えた懐かしい場所でもあるのだ。

年に一、二度文化センターに来るときに、今年もそのままかどうかを思いながら足を止める。あの日の二人の会話や何気ない妹の仕草、老夫婦のカナリアへの思い入れ、大事に連れて帰る時のわくわくしていた妹の喜びの時間が、そしてその後の十年間が昨日の事のように思い出される。

中を覗くとカナリアの入っていた籠が幾つも棚にそのまま並んで残されている。床には餌の入っていた大きな缶が、横倒しで所在なくころがっている。残された餌の粟粒も見える。中の様子からあの老夫婦に緊急を要する何か、事が起きたのだろうと推測される。

籠の中のカナリアは戻って来ない老夫婦と生死を共にしたのだろう。郵便受けには何年も前の赤茶けた古い郵便物がそのまま。

「お隣で小鳥を売っていた老夫婦の方はどうされたのでしょう」

と近くの人に聞いてみたが誰も知らない。それから何年も経った。

令和三年四月、髙島野十郎展を観に文化センターを訪れた。あの廃墟は取りこわされたばかりであった。

「ここで暮らしていたカナリアの子孫は我が家にいます」とあの老夫婦に伝えられそうな気がして、跡地の名も知らぬ花を一輪持ち帰った。

〈上〉小鳥の部屋は夏は緑のカーテン、冬は観葉植物園で多目的
〈下〉最多の時は 18 羽。家で生まれた最後のカナリアはカメラ目線

# アサギマダラ

アサギマダラという蝶を初めて見たのは十年以上も前のことだ。奄美大島を三歳下の妹と旅した折、海の見える小高い山の中で、群舞しているのを見つけた。大型のこの蝶の前羽は黒、後ろ羽は茶色で羽の中央の透き通る部分は青みがかっており、日本古来の浅黄色に見える事から、アサギマダラと呼ばれる。

人を恐れないこの蝶はユラユラとふわふわ優しく飛んでいた。虫取網があれば簡単に捕える事が出来る飛び方だ。目を閉じれば今は亡き妹の感嘆の声と、海が見え隠れするアサギマダラの飛ぶ森の光景が重なり合い、今でも忘れることはない。

この蝶は鳥のように一千キロ以上長距離の移動をすることで知られている。旅をする蝶とも言い、春先に沖縄や台湾や奄美群島を飛び立ち、日本列島を北上し、遠くは東北から北海道の南あたりまで飛んで行くという。秋になると今度は南下し始め、十月は九州で多く見かける。細かいルートは知られていないが、もとの暖かい島に戻って冬を越す。夏の間は標高の高い場所、秋になると里山でも見られるらしい。寿命は三ヶ月以上と蝶の仲間では長い方だが、北上するものと南下するものは世代は違うが同じ遺伝子だ。まさに旅の中にその一生がある。命をつなげて飛び続けるらしい。

私と妹も夏は東北、北海道。冬は沖縄、石垣島とアサギマダラのように旅をした。

大分県の国東半島の姫島にこのアサギマダラが多数飛来するという新聞記事が載った。アサギマダラが最も好む草花はフジバカマやスナビキソウだ。この姫島にはこれ等の群落があるらしい。

三年前の十月十日体育の日、大宰府政庁の後ろにそびえる四百メートル程の四王寺山に登った時、その山頂にあのアサギマダラが群れていて本当に驚いた。もっとゆっくり鑑賞したかったが、団体行動から離れることが出来ず、残念な思いで心を残してそこを離れた。

しかし考えて見ると、この四王子山の麓に我が家はあるのだから、家の庭にフジバカマを植えれば、もしかしてアサギマダラを呼び込む事が出来るかもしれない。

それではフジバカマとはどんな植物で何処に売っているのだろう。方々探し始めたが、何軒かの花屋、苗物屋を覗くが何処にも売ってない。諦めかけた頃、地元の農家の人たちが出品する店でようやくフジバカマを見つけた。

あっ、あった！　手に取ると、本当に地味な山野草。背丈は人の腰の辺りまで伸びるらしく、花はオカラのように白くて薄紫の小花が密集していて優しい香り。地味で美しくもない花を買う人もあまりないらしく、たくさん売れ残っている。早速買い求めた。

このフジバカマを探して、もしも蝶が飛んで来たならば家の裏側や端っこでは見逃してしまうだろう。一番目立つ南側に植えるのが良い。飛んで来たらすぐに分かるようにと、座敷の前にフジバカマを植えた。

一年過ぎ、しっかり根付いて少し花が咲いた。

二年目、背丈が私の胸の辺りにまでグンと伸びて、花がほのかに甘く匂っている。

今年三年目の夏、日照りが続いたのに花がたくさん咲いた。

「アサギマダラ来ないかなあ、そんなに簡単に来るはずはないな」とひとり事を言いながら、花の蜜を吸って見る。ほのかに甘い。一輪摘んでガーデンテーブルの小さな花瓶にさして、これは夢物語なのだと考える。

何でこのフジバカマでなければいけないのだろう。我が家にはたくさんの百日草や朝顔が咲き乱れているというのに……。

インターネットで調べて見ると、フジバカマには毒性の強い「アルカロイド」が含まれていて、雄は性ホルモン分泌のため、これが必要で、取り込むと毒化し敵から身を守れるらしい。お腹に毒を含んでいる蝶は虫や鳥が避けるのだ。

安全な暖かい場所で蜜を吸って卵を産んで育てれば、何も苦労しないだろうに、その長旅の途中、命にかかわる事も幾多ある事だろう。蜘蛛の巣にかかったり、鳥から狙われたり、雨の日は嵐の時には、どこでどう身を守っているのだろう。

しかしその北上するアサギマダラと、南下するチョウは同じ個体ではなく何度も途中で世代交代をしながら旅をするという、小さな蝶の世代を越えた壮大な物語。旅好きの私にとっては大きなロマンである。


今年の十月十六日のことだった。その日は朝から秋晴れで、暑くも寒くもない気持ちの良い朝のことだった。見慣れぬ大型の蝶がフジバカマの上を飛んでいるのを、家の中から見つけた。

来たあ！　アサギマダラが飛んで来た。すぐにわかった。

「お父ーさーん　大変よー。来たのよ、来た来た」

カメラを持って近づいても、逃げもせずゆっくり、ユラユラ飛んでいる。何枚もカメラに収めた。

そして翌日も、何時間も滞在した。

フジバカマの向かいのベンチに腰を下ろし、昨日の蝶かそれとも今日は違う蝶か、と観察

多い日は庭先に毎日５、６羽飛んで来る。無事に旅を続けて

する。昨日の蝶はゆっくり飛んだが、今日の蝶はなかなか素早い。雄だろうか、雌だろうか、同じ蝶とは思えない。しかし、もしかしたら、何日も餌にありつけず、ようやく我が家のフジバカマを見つけて思う存分蜜を吸い元気になったので、動きが俊敏になったのかもしれない等と推測する。

その後、庭をあちこち飛んで卵を産卵する場所があるかどうかを探しているようだ。それを見て、素早く松葉箒を夫に渡し、「引っかからない様に、木の枝の蜘蛛の巣を払って下さい」と頼むと夫は、訝しげに、「何が何に引っかかるのか」と聞く。

「アサギマダラが蜘蛛の巣によ。早く早く引っかかると大変」

「分かった了解」と夫も協力してくれる。

インターネットで調べると、アサギマダラはガガイモ科のキジョラン、カモメヅル、イケマ、サクラランなどの葉裏に、冬が近づくと卵を産みつけ幼虫で越冬すると書いてある。我が家の庭には卵を産みつける木がないのだ。今度はそれらの植物を探すことになるだろう。

アサギマダラの移動の研究はマーキングといい蝶の羽の部分に捕獲場所、年月日、連絡先をマジックで書き放蝶すると、見つけた会員がどこかで見つけて記録する。そこに何日いたか、一日に何キロ移動したかが判明する。このマーキングによると一日二百キロも飛んだという記録もあるらしい。しかし我が家の初めてのアサギマダラにはマーキングしなかった。

もしかして、扱い方が悪くて傷をつけたり殺してしまう可能性があるからだ。

しかも、このアサギマダラは奄美大島で妹と見たアサギマダラの子孫かもしれないし、三年も待って、ようやく訪れてくれた大切なお客様だ。

蝶は亡くなった人の化身と聞く。妹も一緒かもしれない。もしそうならば妹と何を語ろう。けんかをしたこと、いじわるしたことを「ごめんね」と泣いて謝るだろう。そして楽しかった思い出をいっぱい語り合った後「二人で本を作ろう。自分が挿絵を描くから」と約束したことを果たすために、姉ちゃん今、とっても頑張っているんだよと伝えるだろう。

妹がデッサンしたりんごとかぼちゃ

# 嵐の夜の夢

赤ん坊は、眠りに落ちようとしてよく寝ぐずりをするもの。眠りに落ちる瞬間が心地よければ、スーッと誘われるが、少しでも不安や不満があると、眠たいのに眠れない状態にとらわれる。

眠りに入る瞬間はあの世とこの世を行き来するかのように、意識がふっと飛んだり、現実に引き戻されたりしながら夢の世界へとゆっくり誘われる。物事の本質を難しく悪くとらえない私は、心配ごとさえなければ、何という事はない穏やかな眠りに導かれる。

そのまま深い眠りに落ちて朝を迎える日もあるが、自分の呼吸が軽いいびきに変わるのに気がつく時がある。半分眠っているのだが、半分はまだ意識が残る状態。若い頃はこの状態が怖かった。聞こえるはずのない音が聞こえたり、この世のものでない見えない何者かが、部屋へ忍び込んで来て、恐ろしい金縛りの状態が起こったりした。これを脳の関係と知ってからはそう恐れなくなった。それでもまだ、解明出来ないあいまいさは心のどこかにひそんでいる。

雨が窓をたたきつけ、木枯らしが吹きすさぶ冬の嵐の夜のことだった。

ピューンビュウュー、ビュー、吹きすさぶ風を聞きながら私は床についたのだが、眠りに落ちるその瞬間、「ピィピ、キュルキュル」。鳥かネズミか、何かよく分からない生き物の声が枕元で聞こえた。

そしてその声は、眠りに落ちる寸前、会話となって聞こえ始めた。確かに何かの生き物が頭のそばの出窓の下辺りで聞こえる。それも楽しげな団欒の声だ。意識がまた現実に引き戻された。

それでもやはりかすかに聞こえる。夢ではないらしい。

「ピピ、チュウチュウ、チュウ、ママ、嵐恐いよ」と坊やが言えば、「キキ、大丈夫、もうすぐ朝がくるわ、おねんねしなさいピィ」とママが優しくなだめる。

産まれたばかりの赤ちゃんはもう早くねんねで、カシャ、カシャ、お父さんは新聞か本を読んでいる。お兄ちゃんとお姉ちゃんはまだ眠たくないのか、ゲームで遊んでいて、時々二人のいさかいの声が大きく聞こえる。

そんな情景を思わせるネズミか鳥の家族の団欒が、まさに私の眠るすぐそばで展開している。

私は眠りかけていたのに現実に引き戻され、目を覚まし聞き耳をたてた。おや、今度は囁《ささや》くような鳥の声、恋人同士が肩を寄せ合い、ときれときれに甘い囁《ささや》き。沈黙時間はキスの間か。その声は初めて聞いたわけではない。夢うつつの中、決まって台風や風が強く吹く夜中に聞こえた。

私が眠る南側の寝室のベッドのある出窓には鉄の格子が付いていて、その格子にはバラが這わせてある。

アンゼィラとピエール・ロンサール、両方とも近年はとても大きくなり窓辺をバラが覆い尽くす。出窓にはレースのカーテンと厚手の花柄のカーテンが掛けてある。どうやら出窓の庇か、寝室の壁の中あたりから聞こえてくるようだ。よく耳を澄ませば、「チュウー チュウチュ」と鳥ではなくネズミの声のようだ。

「そうか、ネズミの家族が家のどこかに住んでいたのか」

外国のアニメで人間の住む家の床下や壁の裏側に住む小人の話、「借り暮らしのアリエッティ」やイギリスの、「ルーマー・ゴッテン」の『賢いネズミの女房』の話を思い返し、我が家のネズミの家族がどんな暮らしをしているのか、声を聞きながら私は想いを馳せた。

壁の向こう側にはネズミの家族の団欒の場や通り道があって、そこから真夜中に出没し、家人に見つからないように台所の角砂糖をひとつだけ失敬する。納戸の奥にしまったクリスマスツリーは子供達が小さい頃は毎年飾ったけれど、今はもう二十年以上もほったまま。その小さなクリスマスツリーには、クモやヤモリが白い巣をかけてまるでうっすら雪が降ったようになっている。

もしかして、ネズミの子供達はツリーの周りでクリスマスを楽しんでいるのかもしれない。ウールの端布や編みかけの毛糸の残り糸も箱に入れてほったままで捨てられない。でもネズミの家族にとっては私のずぼらに大助かりで「暖かいね」と喜んで一枚ずつお布団やマフラーに持って行って使っているかもしれない。

端布、リボン、包装紙、小箱、など私は何でも捨てられずにとってある。出番はすぐにやってくる。いつかやってくる。食べ物の残りも傷んでさえなければ何であれ、決して捨てたりしない。

一つの基本料理は手を変え品を変え変身してゆく。例えば汁の物、お吸い物などはおでんのベースになり、翌日はそのおでんの煮汁がカボチャのスープと共にカレーに変身する、その時はラッキョの汁もカレーに炊きこんで、ついでに残りそうなドレッシング、ケチャップ、リンゴ等果物も使いきる。翌日の昼はドライカレーチャーハンか、カレーうどんと続く。お客さまにお出ししたことはないが、私のカレーは何処にもない絶品だ。しかもその都度絶妙に味が違う。

食べ物の残りは猫が食べてその残りを犬が食べて、その残りを鶏が食べる、その後スズメが来るころは全部綺麗になくなる。冷蔵庫で忘れられて固くなったチーズも多分ネズミの食料となったに違いない。何かが通りそうな道にさりげなくおいてやる。蟻が家に入って来るとその道筋を逆行し巣の辺りに、もう食べたくない古いアメ玉を一つ置くと、もう家の中までは侵入しては来ない。

生ごみはコンポストで肥料にする。すると健康な野菜がたくさん出来て虫が食べるより早く成長する。虫を見つけると虫かごに納めて、虫の絵を描いたり、ネットで調べる。後は五歳の孫に「育てて見なさい」と持ち帰らせる。虫が嫌いなママは「キャー」と悲鳴を上げるが、そんなことお構いなし。もしかして孫はそれがきっかけで生物学者になるかもしれないし、虫の絵を描く画家になるかもしれない。多くのチャンスと経験をさせてやりたいのだ。

この家は生き物と人間が共存して暮らしていて、草も木も土も生ごみも循環するのを基本としている。親しい友人が、「自分の家は土も花も種も毎年すべて買うのに、どうしてあなたのところは、何も買わずにこんなに土がほくほくで、こぼれ種で庭が花畑になって、しかも大きく綺麗に育つの？」と不思議がる。

昔、子どもの頃は家の天井をネズミが走り回っていた。

私の母親は、「今日もネズミの運動会がはじまったわ」と呑気だった。子どもの頃寝る前、せんべい布団に入り、妹の和子と天井の節穴を見あげていると天井から見降ろしているネズミと目があった。下が明るく騒がしいのでネズミが節穴から覗いた。二人して「ああっネズミもこちらを見た」と騒いだことがある。安普請の小さな家の天井は低く節穴がたくさんあった。

小学二年生の時、近くの防火用水のそばを通りかかった時のことだった。ふと覗くとネズミの罠が水につけられていた。濁った防火用水からネズミ罠を引き上げると罠にかかったネズミが一匹。辺りには誰もいなかった。罠の口を開くとネズミは一目散に飛び出して何処かへ走り去った。子ども心にどのくらい水の中にいたのだろうと思った。ほうほうの体で逃げ出したネズミの生命力を思いながら、トラブルを避けるためすぐにそこを立ち去った。

今から思えば母の生き物に対する愛情を常に見聞きして育ったことが、そんな行動を起こさせたのだろう。

ある日、「今日、畑でこんな珍しい光景に出会ったわよ」と面白おかしく話してくれた。母が畑仕事をしていると、野ネズミの家族に出会ったそうだ。お母さんネズミは自分の尻尾を一匹の子ネズミにあてがいつかまらせると、赤ちゃんネズミは尻尾から尻尾を次々持って長く連なり、七匹もの子ネズミは親に連れられどこかへ逃げていったそうな。話をする母の表情は、人間と変わらない愛情深いネズミを見守る母の優しい顔だった。貧しかったけれど生きものと共存し、親の愛に包まれていた。

どうしてネズミの家族が今の我が家にいるのかと、心当たりをあれこれ考えて見た。昔、納屋の土台のコンクリートの下に潜んでいるネズミを見かけたことがある。そこならば猫が入れない入口だ。しかし、それでも何匹かは猫に捕まった。猫は獲物を捕らえると見せに来る。獲物を捕えられるのは若くて俊敏なしるしである。人に褒められたくて見せにくるのだ。そんな時は、「わあーすごいわねえ」とほめてやって隙を見つけて、ネズミを逃がす。一度走り始めたネズミを猫は二度と捕えることは出来ない。

ネズミを逃がしたのを夫が、「母さんが猫の獲物を横取りした」と娘に嘆いていた。

「どうもネズミが住みついたらしいわ」と翌朝、夫に報告した。

「困ったな、ネズミは家から追い出さなくては」と夫はいう。

「追い出すって、どうやって追い出すのよ」と私は心配だ。

猫要らずで毒を盛るなんて何と恐ろしい、ネズミ捕りはなお怖い。考えて見れば動物実験の最初は全部ネズミだ。つい先日、実験の結果報告がテレビであった。

甘いおいしい香りをかがせたその後に電気ショックを与えられるネズミが子どもを産むと、遺伝子が受け継がれてその子どももその匂いをかぐと緊張するらしい。恐怖の遺伝子が受け継がれるのだ。それが人間のＰＴＳＤの研究解明に役立つだろうけれど、何の罪もないネズミが毎回毎回電流を流されて遺伝子にまで受け継ぐようなストレスを与えられるのだ。

そのニュースを見た時、あまりにおぞましくて二度と見なかったので、何のにおいだったのか見逃したが、ネズミは可愛い顔と目をしているのに病原菌を媒体すると信じられ嫌われ、本当に哀れである。

翌朝、ネズミが何処から来るのか、家の周りをくまなく調べて見た。昔の家は床の下から家の中にいくらでも入ることが出来たが、今の家は空気の通り道だけで、何処からも入れる構造にはなっていない。虫の出入るすきまもないくらいだ。

しかしネズミそっくりの声は確かにしていた。確かに聞いた。何処かに何かがいるはずだ。夫が駆除を始める前に、手を打たなければ……。庭へ出て寝室の外へやってきた。この庇の勾配ならば出窓の上ではないようだ。壁の中にも入れる隙間はない。

寝室の窓辺いっぱいにひろがるピエール・ロンサールのバラが四方に枝を伸ばして、ガラス窓にも接触するほど枝が思い切り伸びている。育ちに育って窓の格子にも絡みついている。知らないうちに随分大きくなったものだ。百枚も重なる花びらは芯が濃いピンクで徐々に薄くなるグラデーション。ピエール・ロンサールほど華麗なバラはない。春には可憐な濃いピンクのアンゼィラと共に窓いっぱいに絡み合い、まるで華やかな二重奏を奏でるような、バラの競演となり春の夢のような世界。

風が吹く時のように、バラの枝を持ってアンゼィラをゆすって見た。

「キキ、キュル、キュル、ピィピィ」

エエッ、鳥の声だ！　バラの棘がガラスと出窓の鉄格子に触れて鳴いた。

今度はピエール・ロンサールをゆらしてみた。

「ピピ、チュウ、チュ、チュ」

あれ、まあ！　何ということ。鳥とネズミの正体はバラのいたずら？

でも私は確かに聞いた。風のせいだけでない、二家族の会話を……。

あれはバラの精霊の話し声だったのかしら……。


すべては嵐の夜の夢うつつ……。

寝室の出窓のピエール・ロンサールとアンゼィラの優しい香

# III　猫の役割

Ⅲ扉写真＝牙を檻にして子ネズミを捕まえるトラとミー。私のベッドを我が物に

## 春は出発――鳩とネズミ

冬の朝のことだった。

外出しようと玄関を一歩出ると、けたたましいカラスの喚き声が聞こえた。見上げると親子でいつも行動しているどう猛な三羽ガラスが、家の前に空から急降下。

何かを追いかけている。このカラス達は、鶏の餌を横取りしようと屋根の上からいつも狙っているのだ。鶏のヒナや生まれたばかりの猫の赤ちゃんなど、見つけようものなら、容赦なく襲いかかる。

二年前にはお縁で甲羅干ししていた体長五センチと八センチのミドリガメ二匹も飼育箱からさらわれた。鶏の中ビナもトサカを鋭いくちばしで食べられ、何度も餌食になるところだった。今でもトサカは半分しかなく、深い海の中の赤い珊瑚のような妙な形のトサカになった。

逃げた鳥は急降下して向かいの家のエアコンの室外機の隙間に落ちた。カラスの狩りが始まったのだ。

「大変よー！カラスが鳥を襲っているわ。早く助けてあげて」と家に舞い戻り、夫に応援を頼んだ。

「早く網で捕まえて保護して、早く！」頼んだものの、夫の手際の悪さについ、「どいて！」夫を押しのけ、室外機の隙間の下に落ちた鳥を素手で捕まえた。

その鳥は頭と喉と胸の毛をすでにカラスにむしり取られていて、悲惨な姿。でも怪我はしていないようだ。よかった！ヒヨドリなのか、鳩なのか、それとも渡り鳥か、見当がつかない。毛がないので見た事のない風貌になっている。

保護した鳥は大空を飛んでいたので、普通の鳥カゴでは窮屈だろうと犬用のケージに収めた。これからどうするかはわからない。後で考えよう。とりあえず、保護したので安心だ。カラスは電柱の上からいまいましそうに見ていた。

午後、飼い猫のトラが外からあわてて帰って来て、妙な鳴き声で私を呼ぶ。甘えるような、勝ち誇ったような、独特の泣き声だ。この声は以前にも聞いたことがある。何か特別な事があった時の声。

トラを見ると、口の中に何か獲物を入れている様子。よく見ると、きれいに並んだ歯と鋭い牙で檻を作り、舌の上の空間を牢屋の形にして口の中の物を私に見せたいらしい。

見てみようと、しゃがみ込むと、トラはそっと口を開いて牙の檻をあけた。すると床の上に踊り出たのは、親指の爪の大きさ程の子ネズミ。猫の習性として大方の猫は戦利品として獲物をご主人に褒めてもらおうと、たいていは半殺し状態で連れてくる。だが、トラはいつも怪我をさせずに連れてくる。

子ネズミがチョロチョロ、ヨタヨタ逃げようとする。その行く手を素早くパッとトラはふさぐ。獲物を取れるのは元気で俊敏な印だ。病気や年寄りの猫は獲物をとれない。昔は叱ったけれど、褒めてやらないと……。

「手をのべて　あなたとあなたに触れたきに　息が足りない　この世の息が」と亡くなる前日にこれ以上ない切なさをうたった歌人の河野裕子さんが、病の床に長く臥せていた時のこと。可愛がっていた飼い猫が何とか、ご主人に元気になってもらおうと思い、一生懸命狩りをしてモグラを仕留めた。猫はご主人の枕元に捕えたモグラを戦利品として持って行き、目が覚めるのを待っていたが、また、遊びにでかけた。裕子さんが目を覚まして、枕元を見ると、モグラの獲物が置かれている。

「まあ、私が弱っているのを見て猫が何か滋養のあるものを食べさせたいと、一生懸命捕まえてきたのね」と猫の思いにしみじみ感じ入ったという。

でも猫の習性とはいえ、死んだ獲物を枕元に持って来られても、ギョッとしてしまう。しかし、この元気な赤ちゃんネズミをどうしよう。家の中に逃げ込まれては大変だ。とりあえず、無傷で捕えてきた猫を褒めてやって、水の入ってない水槽に新聞紙を敷いて、ひとまず納めた。その中に潜り込む姿を見て五才の孫が、「隠れるお家がほしいんだよ」と言う。

「そうね、ネズミのお家をつくりましょう。新聞紙をトンネルのようにして潜って隠れていたんだから、その代わりになるものは……。」

「ラップの芯がいいんじゃない？」

「その通り、何と賢い子でしょ」もうじき空になるのをみつけた。

ラップの芯を望遠鏡にして小さい孫と双方から見合うと、大きな黒目が笑っている。そして交互にネズミを覗き込んだ。ラップの筒は長さ二十センチ、直径は五センチでネズミの家にはもってこいの大きさだ。出口に水とパンを置いた。

「トムとジェリーのお話でネズミのジェリーはチーズが好きなんだよ」と孫が言うのでチーズも入れてやる。朝、パンとチーズはきれいになくなっていた。

鳥は一ヶ月経って毛が生え揃って鳩だとわかった。巣からやっと飛び立ったばかりでまだ

から揚げコッコを抱く得意げな孫の太陽

鳩の姿に程遠くて、ヒヨドリなのか、何という鳥なのかわからなかった。初めての飛行でカラスに襲われたのだろう。

鳩の世界では雌は巣で卵を抱いているので、飛び立てるようになると雄が多くの危険を避けながら連れて出る。危険を回避する時は、地上に向かって真っ逆さまに落ちてくるそうな。私が目撃したのはまさにこの時だったのか。

鳩は人の特徴を歩き方等で見分け、エサをやる人、嫌がらせをする人も一・五キロ離れた所からでも見分けるらしい。とすれば鳩の親はこの家に連れて行かれた子どもと私を見ているだろう。どんなに心配だろう。春になって傷が癒えたら大空に戻してやろう。


三月の終わり、二度の寒波が過ぎ去り、鳩とネズミを放つことにした。ネズミはもう大人になっている。これからは自分で餌を探し、危険な中をカラスや猫に見つからないよう、一人で生きていってほしい……。

鳩の話を聞いた田舎の友人が、「自分の家でも納屋に鳩が住みついて、ヒナが次々生まれるものだから、車で遠くの山まで連れて行って放したの。これでせいせいした、と家に帰って来たら三十分も先に家に戻って来てた」そうだ。

暗い箱に入れて百キロ先で放鳥しても戻って来る習性が昔は伝書鳩を盛んにしたのだろう。

パソコンもなく、電話もつながりにくかった時代、新聞社でも一刻を急ぐ大スクープには、鳩を活用していたらしい。それに伝書鳩は戦争中にも活躍した。

外国の話だが、歴史上の記録として残るのは、戦場で味方同士が間違って撃ち合いになり、それを知らせる役割をしたのがこの伝書鳩で、三羽を雨嵐のよう銃弾飛び交う中、飛ばせた。二羽は撃ち落とされ、一羽だけが片足を失いながらも、たどり着き、鳩に付けられた手紙で味方同士が戦いをしていることが分かり、一九四人の命が救われたという記録がある。カナダでは、千五百羽の鳩を二百五十キロ先までトレーラーで運んでいっせいに離して飛び立たせ、家までの飛行時間を競う鳩レースが盛んだ。

もうすぐ初夏。気持ちの良いさわやかなお天気だ。カラスがこの鳩を覚えていないか心配だけれど、「さあ自由に飛び立ちなさい。仲間の所へ帰りなさい」と窓を大きく開き、鳩小屋の扉を開いた。鳩は出口へ足を掛けて翼をパタパタ羽ばたかせ、今にも飛びたつ練習を何度となく始めた。木立の向こうには大空がひろがっている。すぐに飛び立つだろうと思った。

しかし鳩は一時間も二時間もそこから飛び立とうとはしなかった。まだ期が熟していないのか、外が恐いのか。それとも三ヶ月暮らしたこの家には鳥の仲間がいっぱいで、インコ、カナリア、うずら、文鳥など二十数羽と暮らす平和な暮らしが気に入ってしまったのか。

鳩の親らしき鳥が一羽。今日も庭の高い木からこちらを見ている。

二度目も失敗し、三度目に、扉を開けた時、ここを記憶するかのように、暮らした部屋をしばらく見回した後、ようやく大きな羽音をさせて、飛び立った。大空を飛んで行く鳩を目で追うと、親鳥らしき鳩と二羽、山の彼方へ飛んで見えなくなった。

帰巣本能を信じていた。三ヶ月もここで暮らしたのだ。帰って来られると困るのだが、もしかしてと、何かを期待して朝早くから窓を大きく開け、鳩小屋の扉を開放していたのだが、三日経っても十日経っても、戻っては来なかった。

あれから何ヶ月も経った。

木の上から時々一羽だけでこちらを見ている鳩がいる。あの時のあの子かも知れない。もしあの子であれば、親に会えたか仲間に戻れたか、カラスに追われていないか御飯にありついているか、訊いてみたい。

# 相思鳥

まだ夜も明けやらぬのに、目が覚めて再び寝つけない日がある。そんな時は思い切って早々にベッドを抜け出す。夫が物音で目を覚まさぬよう、静かにベッドを出て、廊下をすり足で歩く。

キッチンでコーヒーを落とそうと、やかんに火を掛けた。すると隣の小鳥のいる部屋から聞こえるはずのない猫の声がする。決して聞こえてはならない場所からの「ニャー」という鳴き声！

「な、なんで猫がそこにいる、しまった！　小鳥がやられたかもしれない」全身に戦慄が走る。どうして入ったのだろう、いるはずのない、そこに居てはならない筈の猫のニモが小鳥の部屋の中にいるのだ。

そこには、カナリアを始め手乗り文鳥、ボタンインコ、相思鳥という珍しい鳥たちが籠の中にいる。しかも、手乗りの白文鳥と相思鳥は六畳ほどのこの部屋の中で自由に飛び回って

相思鳥　いつもは小鳥の部屋で飛ばせて放し飼い

ニモはノラ猫出身なので野性的

いる。始めはウッドデッキだったので、雨が降り込んだり、冬は横なぐりの雪が積もったりしていた。それを動物たちが雨や雪にさらされないよう、冬はスライド式のガラス戸で閉めて、夏は全開にしたいと考え、サンルームのようにリフォームした。

何年も経つうち五匹の犬も八匹いた猫も少なくなって、時が移り、今はバードハウスになっている。ここで朝食をとったりバーベキューを楽しんだり、犬や猫とさんざん遊んだ。

このエリアは猫と鳥が同居の我が家では決して猫が足を踏み入れてはいけない場所なのだ。小鳥の命にかかわるので常日頃、鳥に興味を持ちガラス越しに恐い目で見つめる猫にさえ、「見てもいけません」とばかりに猫の動きには厳しく注意して、いつも気を配っていたのだ。

暗い中で辺りを見回すとカナリアと白文鳥は籠の中で無事。しかし相思鳥の尾羽が何本も薄明かりの中で落ちている。一本一本拾うと七本ある、羽毛はそれほどではない。羽毛の数を数えながら、これならもしかして、どこかで避難しているかもしれないと望みを持った。

部屋には高い所に止まり木があって籠を幾つも吊り下げている。籠の中には来年に蒔く、ルピナスや千日紅の花の種や、カボチャ、とうがんなどの野菜の種や収穫したカモミール、レモングラス等を干して下げている。相思鳥はこの籠をねぐらにしていた。

一つ一つ籠の中を祈るような気持ちで探すが相思鳥だけがどこにもいない。怪我をしていても、命さえあれば何とか助けることが出来る。しかしどこにも姿は見当たらない。この相思鳥は、カナリアよりやや大きく丸っこい。夫婦仲の良い所からこの名前がついたそうだ。美しさと可愛らしさが印象に残る鳥だ。インド、中国、ベトナム、ミャンマーなどに自然に分布している野鳥で中国大陸から渡って来て、そのまま日本で繁殖して、その辺りの山に行けばかなり出会えるらしい。もしかしてと、見たくない食い荒らされた残骸を探しては這いつくばり、隅々を探すが夜明け前でもあり、暗くてよく見えない。猫のニモを部屋の外に出して、一発ぶった。生まれてこの方ぶたれたことのないニモは驚いてどこかへすっ飛んで逃げた。この猫のニモは六年前、知り合いのTさんが明日保健所に連れて行くと言うので、知らん顔できず、心ならずも飼った猫だった。

昔、中国画を習っていた妹がこの相思鳥の絵に出会い、鳥肌が立つほどの思いにかられ購入したという。満月を背にして切り立った崖の木の枝に止まった一羽の鳥に、月光がこぼれるさまを金箔でちりばめている。帰って来ない相手を待っているのか、寂しく切なくひとりぼっちで月の光を浴びてひたすら待ちわびて、何かを訴えかけるこの絵を見た時、まるで自分のような気がして買い求めずにはいられなかった。と聞いた。早く家に連れて帰ってやりたい衝動に駆られ、そんな気持ちになって絵を買ったのは初めての事らしい。

「何故だか、つがいの鳥の絵には縁遠いのよね、いつも一羽の鳥にばかり心惹かれるの」独身の妹はそう話した。

ある日、この話を画廊の緒方さんに話すと、「実は私も長い間画商をしていて、不思議な体験を経験したことがあります。絵画がまるで生きているかのように、行く先を選ぶ時があるのです。『あなたの家に、ぜひとも、行きたい』と絵画が強く望むときがあるのです。もちろん、買主にそんな思いが伝わるわけではないんでしょうが、まあ、でも買うというのは心が惹かれたんでしょうが、自分には、はっきりとその絵の意思が感じられたことがあります。願い叶ってその家に絵画を納めて絵を掛ける時のその喜びは何とも喩《たと》えようもなく、うれし涙が止めどなく溢れて、何故だかどうしようもなく、泣けて困ったことが二度だけありました」と緒方さんは打ち明けてくれた。

本物の相思鳥が我が家に縁あって来たのは五年前のこと。鳥愛好家のバイク屋でカナリアに交じってあの鳥がいた。

「あっ！　あの絵の鳥だ！」すぐにわかった。私はパンク修理に来たのも忘れ、「この美しい鳥は何と言う名前なの？」と聞くと、「相思相愛の相思鳥」と教えてくれた。

相思鳥は近年輸入が禁じられているが、美しいので密輸入される事もあるらしい。今では九州から東北地方広範囲で野生化が伝えられ「籠抜け鳥」と専門家の間では言われている。籠から抜け出したか、誰かが放鳥して増えたらしい。この為、外来種ワースト百選のなかに入っている。この相思鳥のせいで、日本古来のメジロやウグイスも減ったわけではないらしいのだが、むやみに野鳥を捕獲してはならない法律が制定されている。それからはあまり自転車の用事もないのに、この鳥に会いに何度も工場を訪れては相思鳥の声に聞き惚れた。

一年たった頃、ある日、「そんなに好きならあんたにあげよう。籠を持って来なさい」と譲ってくれることになった。

「エ、本当に？」私は思わず言った。

籠を持って行き、気になる事を訊ねた。

「この相思鳥、どうやって手に入れたの？ほしくても今は何処にも売ってないのでしょう？」

「実は缶集めに前を時々通るホームレスが、怪我をして飛べない鳥を拾ったと言って大事に手の平にくるんで、ここへ連れて来たんだ。『前を通るといつもカナリアの声が工場から聞こえているから、ここならこの鳥を助けてくれるだろうと思いまして』と。聞けばそのホームレスのおじさんも昔、小鳥を飼っていたことがあるらしい。」

ホームレスの言うことには、『十姉妹は子育てが上手で、当時たくさんふやしたよ。家内も嫌いじゃなかったから。小鳥がいたあの頃が自分の人生で一番幸せな時代だったなあ』と昔を思い出して小鳥の思い出だけをポツリと語って、どこかへ消えたそうだ。

そういえば鳥は昔から幸福配達の役目を担っているようでならない。幸せが永遠に続くわけではない。鳥のように何処からか飛んできて、そして又いつかどこかへ飛び去るのだ。いつまでもそこにいる訳ではない。

相思鳥を連れ帰ると、相思鳥の絵も小鳥の部屋に移して飾った。絵を購入した妹は五年前に他界したので相思鳥の絵は私が預かっていた。これで二羽がようやくつがいになり、相思相愛の夫婦の相思鳥になった気がした。

もらって来た相思鳥は三日も経つと、すっかり傷も癒えて元気そのものだ。カナリアや文鳥は普通の鳥小屋だけど、この相思鳥には、鳥小屋より大きな兎小屋を購入して住まわせた。今まで大空を自由に飛んでいたことを考えれば、籠に閉じ込められたらどんなにか、きつかろうと、時々兎小屋から出して、思いきり飛ばせた。

相思鳥は思う存分遊ぶと、自分で籠に帰って来る。帰巣本能が強いのだ。

「キュッキュル、キュルルン」一段と声を張り上げて、さえずる相思鳥は一番の早起き。ウグイス色の背中の尾は二つに分かれている。首は黄色で腹にかけて鮮やかな橙色だ。しかも口ばしが他の鳥より長くて真っ赤だ。野鳥でも人に五年も飼われると慣れてくる。ガラス越しに部屋に近づくとそばまで飛んでくる。

何と可愛らしいのでしょう。いとおしく、たまらない。

果物が大好きだ。ビワ、スイカ、モモ、リンゴと何でも食べる。しかも虫が大好物で一度、菜っ葉についた虫を御馳走のように喜んで食べた。

しかし今はこの相思鳥が生きているのか死んでいるのか見極めないと、心は穏やかでない。夜が明けた小鳥の部屋をくまなく探して見る。翼の羽と尾羽をまた拾った。それでも死んだとは信じられない。信じたくない。羽毛が見当たらないということは、ニモに襲われたが逃げおおせた可能性があると思いたい。

リビングに腰をおろして先ほどのコーヒーを一口飲む。私の不注意しかり。何であの部屋に猫が入った？　エサや水を替えるときに猫は足元からするりとすべりこんだのであろうか。こうやって幾度危ない場面に出くわしただろう。思わずぶってしまったが、猫が悪いのではない。でもやりきれない。

そして、原因を見つけた。昨日の強風でやはり風が吹いたのだ。その風の勢いで折り畳み式のサンデッキのドアが風に押されて開いていた。ドアの上部と下部にある十センチほどの隙間。ここから猫が入って来たのだ。しかし、ここから相思鳥は追われて逃げだした可能性がある。

きっと大空に飛び立ったのだ。そうだ、きっとそうだ。

このすきまから相思鳥は大空に飛んだのだ。鳥の死骸が見当たらないのは、猫のお腹におさまったと決まったわけじゃない。

そう！　外へ逃れたのだ。きっとそうだ。飾っている相思鳥の絵は、糊が剥がれたのか、表装が不備なのか、中の絵だけが額の中に落ちていた。

私は生きている鳥と絵画の鳥が「籠抜鳥」といわれるように、手に手を取って籠を抜け出したのだと思いたかった。密輸入されて離ればなれになり、恋人を想う悲しい鳥が絵になって、後を追い、恋人を捜しあて巡りあえたのだ。いちずな強い思いが伝わって出会えた。と、それならどんなに嬉しく、ホッとするだろう。でも冷静になると、そんなことがある筈はない。絵画の相思鳥は、ただ単に糊が剥がれて落ちていただけなのだろう。しかし生きて逃れたのであれば、もしかしてまだ、この家の近くにいるかもしれない。深い傷を負って飛べずに木の枝にかろうじて体を託しているかもしれない。手が差し伸べられない野生の生き物の命。生きるか死ぬかは自然のなりゆき出来事。

庭にはケヤキや金モクセイ、銀モクセイの大木もあり、身をひそめる場所はいくらでもある。木の下から一本一本枝葉を見上げては相思鳥の姿を探してまわる。そして耳を澄ます。

「ピーョッ、ピーョッ、ピーヒョロリ」違う、あれはヒヨドリ。

「チィチン、チィチン、チュイリー」あれは、セキレイ。

一声で瞬時に相思鳥の声かどうかが聞き分けられる。何日も姿を探し求めては木立を見上げた。だが何処にもいない。カラスに追われて、声が聞こえない所まで飛んだのだろうか。傷ついた羽を必死で動かし、力を振り絞って飛んだだろうか、いや十本もの翼の羽が落ちていたというのではカラスに追われても逃げおおせる訳がない。

とにかく戻って来た時の用意だけはしておこう。バラを這わせるアーチの台の上に鳥籠を置き、水とエサを用意した。エサをその辺りにばらまいて、誘いこむ準備をした。何度も木を見上げて声を聞こうと耳を研ぎ澄ます。

猫のニモは一度ぶたれたことが非常にショックだったらしく、遠巻きに私を見ている。学習しない猫がこんなに頭がいいとは思わなかった。目が合ったので「返して！」というとあわてて逃げた。夫にはご飯をもらいに来るのだが、私の声を聞くと素早く姿を消す。

「もう許してやらにゃぁ」夫は言うが私はどうしても許せない。大好物の刺身のツマに少しばかりの刺身を乗せて、猫餌はお腹いっぱい食べさせていたというのに。「なんで、どうして」とやり切れない気持ちを鎮めることが出来ない。


それから十日後、近くの王城神社で、宮座という古い神事があって、氏子として私はお手伝いに出かけた。この王城神社の歴史は古く、文献によると六六五年、大宰府政庁が建てられた時に四王子山の山頂にあったお社が、通古賀に移された。

右大臣であった菅原道真が都を追われこの地に来たのは、九〇一年だから、その二三六年も前にこの神社はあった。すぐ近くの榎寺に流されていた菅原道真公も度々お参りされたと言う。

実は道真公を慕って一夜のうちに飛んできたという有名なとび梅の原木は王城神社のそばにある。

祭神は事代主命（恵比寿様）でそのおじい様に当たるのがヤマタのオロチを退治したスサノオノ命。

地元では今現在もこの地区の住民をマムシや毒蛇は恐れて、かまないという言い伝えがある。神事は「おこもり」ともいい、稲刈りの前にお供えをして神を迎え、稲の実りに感謝し来年も豊作であることを祈願する。

この宮座では、御神酒がひとめぐりした後、神前に供えた二尾の鯛を下げて真魚箸を用いて手を触れずに調理し、それを吸い物、肴にする「座魚の儀」の儀式がとり行われてきた。

今、太宰府では太宰府検定の試験問題にもなった神事だ。大鯛を足つきのまな板に載せて二人が運ぶ。一人は前向きで後ろ手に持ち、あと一人が後ろについてお社に運ぶ。まな板といっても、大きくて重くて幅三十センチ、長さ七十三センチ、重さが七・五キロもある銀杏の木で作ったものだ。神社の片隅にある木を剪定して制作した。今まで使っていた古いまな板の裏には明治二十年、九月一日新製と制作年月日が書いてあり、百三十年余りも使っているのだ。

神事が終わり、鯛を刺身とあら炊にしてその日の参加者にふるまう。

ニモの前の飼い主、Tさんと私が今年は当番で、お掃除をして花を生け、テーブル設定、三十人分の酒の用意をして大鯛を調理する。天満宮からの宮司を囲み、なおらいが始まる。

夕方、行事も無事に終わり、後片づけをすると、たくさんの大根のツマが残った。

「ニモが好きだからこれはもらっていくわ」と、あんなに怒っているのに、ニモのために持ち帰る。「命がないはずの猫だったのに、あなたのところにもらわれて何と幸せなこと」とTさんが感謝する。

実は、と言いたいのを「ぐっ」と飲みこんで、あいまいに返事する。

済んだことを言っても、どうにもならない。Tさんに心配をかけるばかりだ。

家に帰って、ニモにたくさんのツマと少しばかりの刺身も食べさせた。ニモは大好物をお腹いっぱい食べると、少し安心したように私の顔を上目使いに見上げた。けれど今までどおり抱かれようとはしない。私も抱こうとは思わない。

ニモは産まれて間もなく捨てられ、魚の匂いのする刺身のツマを拾って食べ、一人で生きてきた。自分を受け入れてくれる人がたったひとりだけ、そばにいてくれればそれで十分幸せなのだ。

夫に媚びることなく、家族に甘えることなく、ただ私だけを頼りに今日まで生きてきた。それなのに、私の怒りにふれてしまった。

私のほかには誰の膝にも抱かれた事のなかったニモが、初めて夫を頼みにしている。膝に抱かれようとしている。

「大丈夫、心配すんな、父さんも一緒に謝ってやるから」と、夫がニモに話しかけて抱いている。

夫の大きな膝の上で安心しきったニモの顔を見ていると、ふと、自分も若い時、周りから孤立して一人ぼっちで、いたたまれない気持ちになったことを思い出した。あの時、誰か一人だけでいい、話を聞いてくれて、うん、うん、とうなずいて、慰めてくれる人がいてくれたらどんなに心が安らいだろう。だが私は殻に閉じこもり、何ヶ月も苦しんだ。

やがて正月が来て、夫の実家に帰省した。口やかましく厳しい姑を疎ましく思い、嫁の役目でしぶしぶ正月に帰ったのだが、姑は、布団を日に干しふわふわにして、新しいシーツと枕カバーを家族五人分揃えて、帰省を喜び待っていてくれた。

その暖かいふかふかの布団に体を横たえると、涙がこぼれた。

姑の小言は、二言めには口癖の「若かけん（まだ若いから）」だった。きっと小言を言いながら自分を納得させて嫁のいたらなさを許して来たのだろう。

「もう、ニモを許そう、許さなくては……若かけん……」

机の中の小箱には、相思鳥の翼の羽が十二本。籠からは、羽毛もたくさんみつかった。

あれきり相思鳥の朝一番の声を聞くことはない。

籠の扉を開けて、今この籠に飛び込んで来てくれたらどんなにうれしかろうと、はかない期待をこめて待っている。

でも認めたくないが、もう現実を受け止めねばなるまい。本当はもう帰っては来ないと、わかっているのだ。羽を集めた小箱を机の中にそっとしまった。

秋から駈け足で冬がやってきて、こたつの恋しい季節になった。

急に冷え込んだある寒い晩、夫の膝で薄目を開けて私の様子を覗っているニモに、「おいで」と誘うと、ためらわず膝に乗って来た。

かすかに夫の匂いが動いた。

# 猫の役割

冬の到来を思わせる十一月下旬、寒い夜の出来事だった。北風に運ばれて日暮れからチラホラ雪が舞いおりる漆黒の空を見上げていると、玄関付近で何やら物音がした。夫の帰宅だと思いドアを開けると、黒い毛皮に身を包んだ若い女が、思いつめたような表情で立っていた。女はドアが開いた瞬間、あっという間もなく身をひるがえし、私の前を通り抜けて家に入り込んだ。

呆気にとられている私を尻目に、あたりの様子を覗い、夫の姿を探している！　またしても何ということ！　これで三度目だ。去年来た女はなんと身ごもっていた。その前の時は子どもまで連れてきた。しかも、こともあろうに、親子もろとも我が家に居座ったのである。

夫を取り巻く女はこれで七人目、いや七匹目。猫集団になってしまった。ミュージカル〝キャッツ〟に出てくる少し年増のメモリーを歌う娼婦猫に加え、大雨の日に川からはいあがったらしい生後二ヶ月くらいの赤ちゃん猫まで雄猫も合わせると九匹になる。

誰に聞いて夫を訪ねてくるのか知らないが、猫の仲間うちでは猫会議なるものが時折開かれていて、その会議で決定されたことにより家を訪問したり、猫山に修業に行くものらしい。修業を終えた猫は耳が切れた形跡がある。猫は無暗に訪ねては来ないのだと、夫はいう。

しかも訪ねてくる猫はその家に関する何か大事な役割を持ってやって来る。その役目は誰にもわからないし、知るよしもないが、それはとても重大なことで、そのうちに気がつくことになるらしい。

子供を連れた雌猫が来たのは十年前の雪の降る晩だった。勝手口を開けると、やせてお腹をすかせた母子二匹がいた。普通、猫は四、五匹の子を産む。あとの子猫は、はぐれたり死なせたりしたのだろう。

「後生です、この子だけ、この子だけでも助けてはもらえませんでしょうか」と母猫は夫に訴えた。明日の命をつなぐだけの少しのご飯をもらい、そそくさと食べると、子猫を置いて自分は立ち去ろうとした。

「こんな雪の降る晩に行くあてがあるのかい？　お前も子猫とここにいていいんだよ」と夫が言うと、振り向きじっと夫の目をみつめ、安堵したかのように冷たい雪の上にゆっくり腰をおろして、子猫の食事が終わるのを待った。

ボロをまとったような姿をしているので、ボロッキーと名付けた。

しかしボロッキーは栄養状態が悪く、病気ばかりした。ある時ひどい風邪をひいたので病院へ連れて行き、強い薬と注射で命を取り留めた。ところがこの時、妊娠していたのが後でわかったのだが、生まれた子猫の一匹はまるで耳が聞こえなかった。鳴き声が普通の猫の鳴き声ではなく「ウンニャー」と鳴いた。あと二匹の子は首が曲がっていた。野良猫だったのに私の布団で出産した。娘たちを起こして出産場面を見学させた。

ボロッキーの子育ては何とも優しく温かく細やかだった。段ボールの家はいつもきれいに掃除されており、フンやおしっこのしみひとつ、つけなかった。少し子猫が大きくなると危険なことを教え、一匹ずつくわえてトイレに連れて行き、障がいがあるにもかかわらず、きちんと躾けた。毅然とした面もあり、母親のボロッキーがいないとき、子猫を抱いて遊んでいると、「あんたたち、勝手にさわらないで！」と走って抗議に来た。

我が家の三人の子ども達はまだ中高生だったが、ボロッキーの子育ては何よりの教育になった。猫餌は防腐剤や添加物がたくさん入っていて、フンが臭くない代わり体に良くないこと、性教育、出産、子育て、食生活の大事さを自然に教えてくれた。私が言うよりも何倍も子ども達の心に訴えた。

そしてボロッキーは、我が家が猫仲間を受け入れる、先覚者の役割を果たした。

どんなに大切にしていてもいつか別れの時がくるものだ。五年ほどしてボロッキーとの別れの時、不思議な光景を見ることとなった。

明け方ふと目を覚ますと、東の方が少し白んで、三センチだけ開いたドアの隙間から縦に一筋うすい光がもれていた。そのドアの手前にボロッキーは今からどこかへ旅立つかのように、背をむけて座っていた。私の布団から一メートルあまり離れた目と鼻の先のところだ。暫くして何か気になってもう一度姿を見た。微動だにしない先ほどと同じ姿を二度見た。何をしているのだろう。と思ったが、それからまた少し眠って起きる時間がきた。

ドアをみると先ほどと全く同じ三センチの隙間から朝の明るい光がもれている。けれども、ボロッキーの姿はどこにもなかった。ここから出た様子がなく、この部屋にいるはずだと、探したが何処にもいない。家の内にも外にもそれっきり、かき消すように全く姿が見えなくなった。どこかで死んだボロッキーが最後の別れにきたのだと直感した。

ボロッキーがあまりにも賢く、たくさんの事を教えてくれたので、それ以来我が家では猫を受け入れる態勢が整った。


三歳違いの妹を亡くした時はつらかった。亡くなるまでの四か月間、私は毎日病院へ通い、養生エステと言うマッサージを施した。ベッドに私も上り、膝の上に妹の足を乗せ、車輪を回すように背中とおなかと手足をアロマオイルでマッサージした。

「いいこと？　私のエネルギーを手の平からあなたにあげるから受け取ってね」と言うと、

「うん」と素直に答えた。最後に病気の部位に手を当てて中の悪魔を追い出そうと試みた。

「なんでそんなに怖い顔しているの」と妹が聞いた。

「今、この悪い奴を外へ追い出そうとしているの、ここから出て行け」って。

妹は養生エステの時間を一番の楽しみに待っていた。深呼吸が出来てとても楽になると喜んでくれた。


妹が亡くなる一週間前、また、子猫が生まれた。兄夫婦が見舞いに行くと苦しい息の下から「姉ちゃんちに子猫が生まれた？」と訊ねたそうだ。

「猫の子は何匹うまれた？　どんな子？」と私にもたずねた。

「六匹産まれたけど、二匹は死んだよ」と教えた。生きているものは必ず死と隣り合わせで、それは自然のことなのだと猫を通じて伝えたかった。


そして体の一番大きな可愛らしい雄猫を、「親分」と名付けた。妹が亡くなって初七日が過ぎた日の事だった。親分の横腹に白とグレーの模様に字らしきものが見て取れる、ひらがなと片仮名混じりで「か・づ・こ」と読めた。


妹の名前は和子。

猫の体を借りてそばにいたい。と思ったのかそれとも、何でもない柄を私がこじつけたの

親分と言う名の猫

か定かではない……。

親分は抱かれると不思議に、「マッサージをして」とせがんだ。足を広げ腹を見せ気持ちよさそうにのけぞるのだった。そんな時いつも妹を思った。

誰かが教えてくれた。

「死者を死せりと思うな、生者ある限り生き続ける。亡くなった人を思い出す時、その人は生き返る」と。

四年過ぎて「もう亡くなった人は帰っては来ない」とあきらめもついて、家具を片づけ、残したマンションもリフォームして貸すことにした。

また一緒に旅行に行きたかったとか、グチは誰に聞いてもらえばいいの？とか、私はいつまでも妹の不在を惜しんで暮らした。マンションで悲しみにくれてばかりいたのに、最後の片づけをする頃から、なにか、ほっとしたような安堵感があり、ここを明け渡すことがつらくはなかった。最後の荷物を出した時、今まであんなに悲しかったのに、今度は寂しくはなかった。

「もうあなたは自分の行くべき所へいきなさい」と送り出したような気持ちがした。

そしてその日、猫の親分は役割を終えたかのように、私がマンションの最後の戸締りをしている同じ時間に死んだと、看取った娘に聞いた。

我が家に居座るこれらの猫。海に横たわるナマコのようにストーブの前にダラリとくつろぐ「ナマコ姫」、不幸な生い立ちの「フクロウ」は夫がどんなに遅くとも夜中に帰ろうとも、門口でお帰りをひたすら待っている。

九州で初のＩＣカード「ニモカ」立ち上げに夫が苦労しているときに来た「ニモ」の名は「ニモカ」のカをとって名づけた。ニモは、刺身の下に敷く大根のツマが大好き。推測だが何も食べ物がなく放浪していた時、これを見つけて、魚のにおいだけで大根を食べてひもじさを解消したようだ。刺身のツマは今もすべてニモが食べる。ニモが来てからニモカは瞬く間に目標以上の売り上げを突破した。現在では九州圏内はもとより東京や北海道札幌でもニモカは使える。娘の家族が東京へ転勤した時も、札幌でも使えるのには感動した。

まさにニモは招き猫。現在ではＩＣカードの無い生活は全く考えられない。

脱腸でへそが飛び出して手術をしたのは、「へそたん」。雨の日に来たから「雨」、家で生まれたのは名前を考えるのも面倒で、長男、二男、という具合。でもこの名前だと動物病院に行った時にややこしい。お名前は？と看護師さんが聞くと「長男です」。と答える、いえ名前です、「だから名前が長男です」。という具合。

黒い毛皮の雌猫は首に白い月のような柄があるので、「月の輪」と名づけた。案の定、これらの猫は夫が帰ると回りに侍り、酒の相手をする。膝に抱かれるのはフクロウだ。酒の肴を順番に分けてもらい、決してわれ先に食べようとしないし、喧嘩もしない。

この猫たちのうち三匹は自分でトイレの自動手洗い器で手を差し出して手を洗う（遊んでいるだけ）と、夫の左側に四匹、右側に四匹が居並ぶ。あと気分で来たり、来なかったりする外猫も一、二匹いる。昔の中国の諺に「衣食足りて礼節を知る」というのがあるが、まさに猫の世界でも当てはまる。

猫は目には見えない宝袋を抱えてやってくる。信じられないかもしれないが、それぞれ違う宝物を持ってくる。それは健康とか仕事運、金運、子宝などそれぞれで、小さな役割、大きな役割を終えると去ってゆく。

いなくなったり、死んだりする度に病気や事故の身代わりをしてくれたのでは……と思うのは結婚五十年、我が家ではただの一度も怪我病気アクシデントがないからだ。夫は、これは猫のお陰、家内安全、千客万来の守り神かも知れない、という。

昔から猫は魔物と言われるが、可愛がれば幸せが舞いこむ。折角宝物をかついでやってくる猫を邪険にし、追い出すのは誠に勿体ない。一度試しに猫を飼ってみるとわかると思うのだが。私の思い過ごしだろうか。

一番心配なのは隣近所。迷惑をかけないよう、文句が出ないよう配慮する。後から転居して来た人にもこちらから挨拶し、近づき過ぎず出過ぎず、仲良くしてもらう。人間関係をうまく作っていると、ほとんど文句をいう人はない。そしてかわいそうだが一代限りの命とする。

やがて時が過ぎて猫達はいなくなった。

しかし真夜中、誰もいない筈のトイレの自動手洗い器が時々音を立てるのは、誤作動か、それとも猫達が今も家を守ってくれているからだろうか。

# 妖怪の館

お盆に長女一家が転勤先の高知から帰省した。

婿殿は娘より年下の温厚な人柄の日銀マン。一歳五ヶ月の赤ちゃんを連れて初めての里帰りに、私も張り切った。夜具を整え、シーツと枕カバーを新調。座敷・仏壇と掃除して、ご先祖様に、久方ぶりの泊りの客人を迎える報告をした。

夕食の楽しい団欒も風呂もすんで、仏壇のある座敷で、娘夫婦は「おやすみなさい」と眠りについた。けれど赤ちゃんの夜泣きがなかなかおさまらず、娘は婿殿に気を使って私の寝室に赤ちゃんを連れてきた。ここなら多少の泣き声は夜中でも心配ない。これで婿殿は朝までゆっくり眠れるはずだった。

草木も眠る丑三つ時。婿殿が深い眠りをむさぼっていると、柱にかかっている古時計が一つ、カーン。

（ん？　今の音は仏壇の、おりんではなかったか）

寝ぼけてぼんやり考えていると枕元の襖が、スーッと音もなく開いた。

「うわーっ」

婿殿は言いようのない不安に襲われ、怖くて目が開けられずにいると、今度は仏壇に供えてあるコップから、「ピチャピチャ」と水を飲む音が聞こえる。心臓の音が高まり、今にも破裂しそうだ。音がするほうを目を開けて確かめる勇気もなく、寝たふりをする。

嫁を呼びに起き上がることも出来ず、息を殺してじっと我慢をしていると、今度は足元に生温かいものが、音もなくすり寄ってきた。

「ヒェー！」

続けて究極の恐怖がすぐやって来た。頭の方から突然顔を覗き込まれた。悲鳴を上げる寸前、目を開けたら飼い猫のテンテンと目が合った。

翌朝作り笑いをしながら婿殿が昨晩の恐怖を報告した。

「うちの猫のテンテンはお行儀がよくて、両手で音もなく襖をあけるのよ。知らない人が寝ているると足にすり寄り、顔を覗きにいくの。そして、仏壇の水をいつも頂いているの」と私。

「でも寝るとき、猫のテンテンは部屋から出して寝たのです。後で襖を見ると全部しまっておりました。猫は襖を開けて閉めたのでしょうか？」と、怪訝そうに言う婿殿に、「さあ、どうしてでしょう」と微笑む私のそばで、「今晩も遠慮なくお泊まりなさい」と、夫も怪しく微笑む。

妖怪の館は一晩でお許し下さいといわんばかりに、婿殿は嫁と赤ちゃんを置いて早々高知へ帰って行った。

来年も皆でお待ちしていますわ。

近所の小学生が迷い猫テンテンを連れて来た

夏の早朝、スキップして雌鶏の小屋へ急ぐ雄鶏のあとから、私と黒猫が続く

# Ⅳ

# から揚げコッコ体験もう一度

Ⅳ扉写真＝鈴蘭に似て可愛いスノーフレーク。
花の間で遊ぶ鶏

# 烏骨鶏——菜っちゃんの店から

菜っちゃんが月、木曜日だけ駅の裏通りに野菜を売る店を出している。他の日は、自家菜園で野菜作りに励んでいる。

取れたての新鮮な野菜を中心に漬物や手作りの菓子、饅頭等、その日によって売る物は多少違う。店の奥にはイスが幾つかあって、ここは常連のお客さんのたまり場にもなっている。そこでは売り物のお菓子や漬物を試食として皆にふるまう。

菜っちゃんという店の名前が可愛くてあまりにもおかみさんにぴったりなので、

「あなたの名前は菜津子さん？　菜見子さん」

「いいえ、菜を売る意味で店の名前を菜っちゃんにしたのよ」

いつしか本名は使わず、常連さんとお客さんはおかみさんを菜っちゃんと呼ぶようになった。菜っちゃんは六十代の後半でいつも笑顔。明るく元気でキビキビとよく働く。今時、こんな人が農家のお嫁に来てくれたらどんなに有難く楽しかろう。

ある日のこと、店に小ぶりの烏骨鶏《うこっけい》の卵を幾つも並べていた。産みたて卵を待っている人がいるらしい。高くてもその日のうちに完売するという。

「鶏も飼っているの？」

「二十五、六羽いるわ、なかなか卵産まないけど可愛いのよね、けんかもしないし、おとなしいし、騒がないし、とてもいい子たちなの、くず米と野菜をたっぷり食べさせてるの」

米を食べさせてるとは驚きだ。

「私の家にも鶏がいてね、面白いよね」と私も鶏自慢、鶏談義に花が咲く。

「鶏もペットショップへ行くと、珍らしいのはつがいで一万五千円もするのよ、ほしいけど高いのであきらめたわ」

そんな他愛ない話をして一、二年過ぎた昨年の暮れの事だった。

久しぶりに菜っちゃんの店に立ち寄ると、「まあーよかったあ、あなたが来るのをずっと待っていたのよ、連絡したいけど名前も聞いてないし、まして電話番号も分からないから、いつか来てくれると心待ちにしていたの」と言う。

「どうしたの？」と聞くと、「烏骨鶏《うこっけい》を置いている場所に道路が通ることになり、飼えなくなったの、それを聞いたある料理店が薬膳料理に使うために十羽引き取ってくれて、『あとは、連絡していただければといつでも取りに来ますよ』と五羽を肉にして持って来てくれたのだけれど、このまま料理店に持ち込むのが何だか忍びなくて、あなたを待っていたの。ねえ、今年生まれた若いのだけでも、もらってくれない？」と言う。

「ええっ。それは嬉しい話だけれど雄鶏は鬨《とき》の声を上げると近所から苦情が来るかも分からんし、雌鳥なら二羽だけ、有難く頂こうかしら」

「では来週の火曜日十時に現地でね」と住所と電話番号と地図を書いてくれた。

二羽のヒナ鳥ならなんとかなる。とプラスチックの古い衣装ケースを積み込み、地図の通りに車を走らせながら考える。一羽でも多い方がいいのだろう、やはり三羽もらおうか。と考え直したりする。

車は五号線を降りると、どんどん田舎道に入ってゆく。辺りは広い田園風景が広がってきた。菜っちゃんは毎週こんな山奥から野菜を売りに来ているんだ。

広いイチゴ畑を過ぎると右手には山が道までせまって、うっそうとした森に入り辺りは暗くなってきた。

向こうで菜っちゃんが手を振っている。「ここだ！」

私が想像していた鶏小屋は、庭の隅の南向きの日当たりが良い場所で草がたくさん生えていて、公園のようなのびのびした所。我が家の鶏小屋から、そうイメージをふくらませていたのだが、菜っちゃんの鶏小屋は山を背にうっそうと茂った森の暗がりであった。一日中、陽は当たらず冬はさぞかし寒かろう。

そこへ、ツナギの作業着を着た御主人が大きめの網を持って現れた。山肌を削って出来た鶏小屋に入るには梯子《はしご》を掛けて登って小屋に入るのだ。

私も続けて入った。

小屋には十五羽程の烏骨鶏がいて、網に驚いて阿鼻叫喚。四畳半ほどの小屋はまるで戦場のようになり、飛ぶもの喚くもの走るもの、御主人が網で捕えるのは海で魚を掬うよりむつかしい。網を振る度に烏骨鶏が頭の上を右に左に飛んで羽が降って来てゴミが舞い上がる。ようやく一羽捕まえた。衣装ケースに蓋をずらして一羽を入れた。

御主人は奮闘し、二羽目を捕え、入れようとした矢先、始めの一羽が飛びだし逃げられた。やっと捕まえたのに……。もう御主人だけにまかしておけず、「私も捕まえることが出来るわ」と素手で捕えた。比較的この子はおとなしい。二羽目を衣装ケースへ、すると今度は逃げ回っていたのが網に足を引っ掛けて動けなくなり悲鳴を上げているのでこれも捕まえた。

これは雄かな、雌かなと御主人が言うが、この戦場のような場に及んで雄か雌か見極める等そんな段ではない。そんなことはもう、どうでもいい。切羽詰まっているので、この場を早く終息させたい。

「どれでもいいからとにかく三羽」と叫ぶと、四羽目を捕まえたという。見るとそれは黒いヒナで可愛いらしい。

この期に及んで三羽も四羽も一緒。全部ＯＫ。初めは雌鶏のヒナ二羽もらう筈が何故だかどんどん増えている。

雄か雌かもわからない。

四羽もらい車に乗せると菜っちゃんが私の頭を盛んに手で払っている。どうやら私の頭は白や黒の羽飾りが幾つも付いていておかしな姿になっているらしい。

家に帰ると夫が、「とりあえずすぐに小屋へ、すぐに」と興奮して言うのだが、準備をしないと後で段ボールを敷いたり、もみ殻をバラ撒いたりするのは至難のわざ。

鶏を入れる前に水もご飯も寝床も準備万端にしておかねば、先ほどの戦場の二の舞になる。夫はそれでも「とりあえず先に入れなさい」と言うのは、それが分かってないからだ。しかもこの期に及んでそんなことをいちいち、説明するのももどかしい。

鶏小屋につなげたケージは風が通り、鉄の柵に野菜を差し込むとそれぞれ口ばしでちぎって引っ張って食べる。鶏たちは並んで棚に座っていてなかなか下に降りては来ない。ここは冬に暮らすには南向きで陽が当り、ヒナと年寄りにはうってつけの良い場所。

静かになった鶏を良く見ると、私が捕えた二羽はまさしく、ばあちゃん鶏で鳴きもせず自己主張もせず、『私の余生どうにでもしてはい』てな感じ。

菜っちゃんは、「若いのはすばしこくて捕まらないものよ、年寄りだからあなたに捕まったのよ。それでは若い雌を更に二羽、家に届けてあげましょう」と言う。一羽でも二羽でも多く私にあげたいらしい。三羽持って来ようかというのを、二羽と今度ははっきり決めて全部で六羽貰ったことになった。九月に大分から連れてきたプリモスロックと合わせると全部で八羽だ。こんなにたくさん鶏を飼うのは初めての事だ。

庭で放し飼いのプリモスが、烏骨鶏がいる小屋の外側から、中の野菜をつつくので内と外、両側からひっぱり合いの形になる。プリモスも若い娘だ。もしかして、貰って来た中の年下の若い雄鶏を好きになるかも知れない。普段、雄鶏は空が白んだ事を合図に鳴くわけでなく、自分の体内時計で朝を察知して鳴くそうだ。だから部屋を真っ暗にしていても朝を察知すると鳴くのだ。

数羽の雄鶏を一つの部屋に入れると最初つつきあいをして集団の中で「突きの順位」が完成し、優劣関係を明確にすることで以後余計な争いを避けて集団に秩序をもたらす。一度突きの順位が決まると最上位の鶏は「コケコッコー」と鳴く事でさえ優先権を持ち、他の雄鶏

雄鶏はハーレムを作り、西へ東へと連れ歩く。手前右はおばちゃん鶏

は毎朝目覚めても自分の鳴く番まで待つそうだ。

ということならば、雌鶏を上位にしてやると雄は鳴けないのでこの方法がすこぶるいい！人間社会でも「かかあ殿下の方がうまくいく」とも言うし。鶏も社会性を持って集団生活を送っているのだ。

菜っちゃんが、「雄鶏は別の雌鶏と変えてあげてもいいのよ」と言うが、もう離せないほどこの烏骨鶏が気に入った。雄鶏が一羽いたら有精卵でヒヨコが産まれるし、どんなに楽しかろう。しかし、よくよく考えると雄鶏のヒヨコばかり生まれた後は、貰い手もなく、食べることも出来ず処分も出来ず私は、相当悩む事になるだろう。

「近隣から苦情が出た時は小鳥の部屋へ入れなさい、雄鶏だけ家の中で朝を迎えるようにして飼えばいいのだ」と夫が言うので安堵した。

月、木曜日は菜っちゃんの店に行き、その後の報告と野菜くずをもらいに出かける。自転車にいっぱい大根の葉、白菜の外葉やカブの葉やブロッコリーの茎を山ほどもらってくる。それを家に帰り大型ポリバケツに水を張り、汚れや消毒を洗い流す。その汚水は私が土を掘って作った子どものプール程の菖蒲池に流し込む。それを二度ほど繰り返し、消毒がすっかり落ちたのを鶏に一週間与える。

戦後はこんな感じだったのではないだろうかと考える。作家藤原ていさんの「流れる星は生きている」を読むと、引き揚げる時、どうにか、どこからか野菜くずを手に入れて、洗って揃えてようやく家族に食べさせて生きながらえた。

奄美大島には「インギー鳥」という鶏がいる。昔イギリスの船が奄美大島沖で座礁して村人が全員で助けた。その時、食糧にする為その船に乗せていたのがインギー鳥で、その子孫は今でも大切に育てられている。

世界中の猫と犬と豚と牛の数を合計しても鶏の数の方が断然多い。世界中で最も広範囲に分布している畜産動物で常時二百億以上が生息し、人一人につき三羽の割合だ。

世界中で鶏のいない国はバチカン市国で、鳥小屋を置くスペースがないので飼えないという理由がある。それと南極大陸もペンギンを病気から守るため、生きた鶏も生肉も禁じられている。この二ヶ所だけだ。

インフルエンザの一人分のワクチンは、九日前生まれた有精卵三個が必要で、卵にウイルスを慎重に注射針で刺して培養する。ドイツではそれを世界七十ヶ国に配分している。

庭では鶏、森にも森鶏。居酒屋に行けば焼鳥と、鶏はどこに行っても人類にとって大切な伴侶のよう。これほど人類に貢献してきた鶏なのに、ローストチキン、から揚げ、親子どんぶりと、鶏を食べない日はない。しかし我が家の鶏だけは感謝をこめて「幸せな鶏の代表」にしてやりたい。

最近裏庭飼育がアメリカでは流行しているそうだ。消え行く田舎の伝統を再びつなげる為の安価で手軽な方法を鶏が提供してくれるのだ。

木曜日に行くと菜っちゃんのお姑さんが来ていた。家で話題に上るらしく私の事を良くご存じだった。会うなり満面の笑顔で、「あなたの所にうちの子がお嫁に行って、よい所にもらわれたと嬉しくてたまらない」と、手放しの喜びよう。「はい。私もお宅と親戚になったような気が致します」と、私が言うと、お客さんが「トリがトリ持つ縁」と、うまい事を言い、皆で笑った。

# プリモスロックの旅

数年前、世界一長寿のギネス世界記録保持者の女性に、テレビ局がインタビューしていた。するると、「長生きの秘訣は何ですか？」ありきたりの質問だ。

「毎日二個の生卵を頂くことです、後、パスタと生肉で九十年間同じ食事を続けています」と言う。見ればその女性は、とても百歳を超えているとは思えないほど元気で若々しい。しっかり受け答えし、肩の赤いケープと光るイヤリングがとてもおしゃれ。

このテレビを見ていて、〝生卵を毎日二個食べると長寿間違いなし！　そうなんだ……〟

三ヶ月前、我が家に来たプリモスロックというカナダ原産の鶏は、毎日毎日大きな卵を二個産んで健康そのものだ。ものすごい食欲で無農薬の野菜畑をみる見るうちに丸坊主にしてしまった。残飯や籠の中にいる小鳥たちが食べ残した野菜くずも、飛び散らかした粟や稗の餌も捨てずに集めて、プリモスロックに全部与える。全く以って何一つ無駄がない。

毎日卵を産むにはかなりのカルシウムも必要だ。小さいアサリ貝を買い求め、貝殻を金づちで砕いて餌に雑ぜる。たたくとすぐ小さくなる。昔、卵の殻を勿体ないのでカルシウム補給にと、食べさせた。鶏は卵の殻に味をしめて自分の卵を食べ始め、その癖は死ぬまで続き、大失敗したこともある。今では殻だけはコンポストに入れて土に返す。

捨てる物は何一つない。生活する中でこの小さな生き物を通して、捨てる部分を無くして全部の食材を活かす事を私は学んだ。捨てずに活かすということの発想は日ごろの家事や鶏を飼うのを通して身についたもので、それがいつしか自分の思考性になってきた。物を捨てるという考えは効率と生産性の目標から産まれたものではあるまいか。

そうやって鶏と向き合っている事が長寿の元となるとは。

プリモスロックとの出会いは今年の秋、大分のペットショップだった。ペットショップの店員がケージの扉を開けると、プリモスロックという種類の鶏が、「こんなのが食べたいよォー」とばかりに、お客さんの間を縫いながら店の餌売り場をあちこち散歩し始めたりもするのが、何ともおかしい。

店員の話では、「雌鶏を二羽注文したのに、どうも一羽は雄のようだ」という。確かにトサカが大きくて赤い。もう一羽はトサカが小さくピンク色。五月にヒナで入荷して、四ヶ月経って大きくなってしまい、買い手がつかず、セールになっていた。

〈上〉縁側でくつろぐプリモスロックのサザナミ姉妹
〈下〉鶏が飼えない孫の為にサザナミぬいぐるみを
　　マフラーで作ってあげた

嘘！　二千八百円、安い！　信じられない！　買う！　買う！　離れ離れにするのがためらわれ、二羽一緒に飼うことにした。二羽で五千六百円。レア商品で一羽参考価格六千八百余円だ。

カナダ産のこの鶏は日本名では「碁石」とか「さざなみ」等と呼ばれていて、白と黒二色の波模様のような羽は地味だが私好みの柄だ。今まで家で飼ったどの鶏より体が大きく、カラフルではないが、寒い所の生まれなので羽は空気を含むとふんわり倍以上ふくらむ。人なつっこく温順で、けたたましくないのが気に入った。気が荒いのとか、喧嘩鳥は私の心が休まらない。

私にとっては超お買い得。というのも三ヶ月でこの二羽が産んだ卵の数は少なく見積って百四十個、成長ホルモン薬等使わず無農薬、放し飼い自由気ままのプリモスロックの卵の値段は烏骨鶏と同じであれば一個五十円、だとすればもう、七千円も稼いでくれた。つまり、三ヶ月で元をとったうえに儲けも出たという訳だ。しかも愛らしくてペットにもなる。犬や猫を飼うより、よほど実用的で役に立つ。

シャンプーやカットに連れて行くこともなく、まったくもって手が掛からない。水と餌さえ用意してやるとご機嫌に一日中自分で遊ぶ。昼食時、庭のガーデンテーブルで夫と食事をする時、自分も一緒に食べようとテーブルに乗って来るのは、犬や猫のペットと同じ。大分から車に乗せて家まで二時間あまり、このプリモスロックは乗りものに運ばれ何度旅をしたことだろう。

先祖はカナダからアメリカへ渡り海を越えて遠い日本に来たのだ。その時は多分、船で運ばれてきたのだろう。外国か日本のどこかで飼育されてヒナのうちから、肉用、卵用、そしてほんのごく少数がペットショップへと出荷されて行くのだろう。でもこのプリモスロックの旅は我が家で終わるに違いない。

段ボールから出して見ると雄だと思った鶏が狭い箱の中で初卵を産んでいてびっくりした。二羽とも雌だった。これもラッキー。

放し飼いの二羽の鶏が庭にいて、毎日栄養満点の卵を産んでくれる。肉は美味らしく二、三人もの夫の知人が、それぞれ私をからかい、「こいつを食うと、それは美味しいとばい」と言うので腹が立つ。「あなた方と私は気が合わないようね」とやりかえす。

毎日生卵二個食べれば、私も百歳の長寿にあやかることが出来るかもしれない。

しかし私の事より、この鶏の卵を食べさせたい九十代の女性の友人が三人いる。自彊術体操の知人で、城戸さんと曽我さんは共に九十三歳。腕立て伏せや、でんぐり返しもする元気な高齢者だ。城戸さんは昔、大病院の婦長さんで、つい最近まで五人家族の食事担当だった。音楽会もフラダンスの会も文学講座にもどんどん出て行く。

曽我さんは、俳句をたしなみ文学にも精通している。漢字検定に毎年チャレンジし、去年からピアノも新たに習い始め、発表会で最高齢として喝采を浴びた。八十歳を過ぎてから囲碁教室に通い始めたのは、家から出ない御主人の囲碁の相手をする為だった。五年前御主人が亡くなると、体力があるうちにと、いさぎよく、さっと家を引き払い、近くのホームに入居されている。そこはプールへ行くにもピアノ教室へ行くにも出入り自由で食事は朝と夜だけ頼んでいる。ほとんど昼は外で食べるからだ。曽我さんのホーム入居条件はパソコンが出来る施設というから驚きだ。「あなたのように毎日出歩く人はこのホーム始まって以来」と職員に言われて、「なんか、嫌味に聞こえるのよね」と私に小声で言う。気の毒なことに最近亡くなった娘さんと私が同じ年齢だからか、特別な優しい思いを私に寄せてくれる。

曽我さんより五歳上の牧さんは九十七歳。財界では知る人ぞ知る博多では有名な人だ。実は九十三歳までバーの現役ママだった。店を開いて五十周年の時には東京と福岡でそれぞれのパーティが開かれ財界や日銀関係、都市銀行の頭取など三百人もの人がお祝いに駆け付けた。結婚もせず、身寄りもなくただ一人満州から引き揚げ、一生懸命一人で生きてきた。満州では新聞社のタイピストをしていた、と聞いた。男装の麗人、川島芳子にも出会ったことがあるそうだ。

自分が死んだら葬式不要、法事も戒名もお墓も不要。海は泳げないので山に散骨してほしいと親しい人に毎回頼む。

高齢御三人の女性は時々体の不調や物忘れを訴えることがある。人生という旅の終わりまで、一日も長く幸せに元気に暮らしてもらいたいと心から願う。

歳をとると教養と教育が大事だそうで、教養は「今日用がある」。教育は「今日行く所がある」これが長生きの秘訣らしい。

確かに御三人には教養と教育が共通している。

それに加えてプリモスロックの卵を食べて長寿を目指せば、百歳を超えることが出来るかも知れないと考える。

〝生卵二個食べ世界最高齢〟を共に目指していたのに別れの日はある日突然やって来た。百歳を超えるのは、これまた至難の業。

# サザナミ姉妹

カナダ産のプリモスロックという鶏は温厚で育てやすい。日本名はサザナミ。雌鶏二羽なので私はサザナミ姉妹と呼んでいる。羽は白と黒の美しいサザナミ模様に真っ赤なトサカがアクセント。尾羽の部分は上等のフワフワ羽毛に包まれてあまりに美しいので、羽を一本頂戴して帽子の羽飾りにしたい位。だけど若い鶏の羽はなかなか抜け落ちない。たまに小屋の中で一本見つけると、宝物にでも遭遇したように嬉しくなる。それ程魅力的なのだ。

サザナミ姉妹は美しくしなやかで胸も腰も肉づき良く豊満。しかも歩く時はモンローウオーク。右に左に腰を振り振り歩く。大ぶりで産卵個数が多い。たまに休む日もあるが、それでも昨年九月に我が家に来てから九ヶ月も、ほとんど毎日卵を産み続けて産卵能力は驚異的だ。

その反対に卵をなかなか産まないのが烏骨鶏《うこっけい》。

家に来てもうすぐ七ヶ月というのに、五羽の雌鶏は若いのも含めてまだ一個の産卵もない。

本来烏骨鶏は十日に一度の割合で卵を産むらしい、しかしその卵の栄養価は普通の卵の五、六個分に相当し、完全栄養食品で癌、傷、心臓病等に有効らしい。昔は病気のお見舞いは卵が重宝された。桜の名所広島の世羅甲山ふれあいの里では、このサザナミと卵を産まない烏骨鶏を掛け合わせ、うまく商売にした大掛かりな養鶏農場がある。かなりの生産量で儲けているらしい。

しかし我が家では、たまたま縁あってもらった六羽の烏骨鶏に雄鶏が雑じっていたことから、これに振り回されることになってしまった。

本来雄鶏というのは、序列が決まっていて、早朝一番に鳴く事でさえ、力の強い者から順番に鳴くものらしい。従ってやみくもには鳴かないものだ。ところがこの雄鶏ときたら、五羽の雌鶏に囲まれて、まさにハーレム状態。いわゆる、朝でも夜でも、食べ放題ならぬ鳴き放題。ついに困り果て、引き取ってくれるという糸島に連れて行ったものの（一五五頁参照）、この鶏に痛めつけられる様子を見ると置いて帰ることも出来ず、又連れ帰ってしまい、今も早朝の近所迷惑を心配して、夕方から雨戸を閉めたリビングで夜を過ごし、朝八時までは出さない。

やがてこの雄鶏は大人になり、庭で放し飼いのサザナミ姉妹を気にするようになった。姉も妹もどちらも負けず劣らず魅力的。どちらが好きなのか、鶏ならどちらでもいいのか、それとも好みはあるのかと、妙に気になる。二羽それぞれをトサカの色で判別すると姉のトサカは真っ赤。妹はピンクがかった珊瑚の赤色だ。

サザナミ姉さんは、雄鶏がちょっかいを出そうとすると、振りかえりキッと睨みつけて、「ん！今、何か私をさわった？何すんのよ」と手厳しい。妹のサザナミは、「あんたなんか目じゃないわ」とばかりに、雄鶏を無視している。それでも諦めず、逃げられても反発されても何度も何度も挑戦していく努力はすごい。それを見ていた高校生の息子が、「どんなに断られても、無視されても、好きなら負けずに何度でも解ってもらえるまで、挑戦することが大事なんだなあ」などと感心して一人つぶやく。

娘は、「自分の小屋にも一緒に来た若い奥さんや年増の奥さんが五羽もいるのに、よその豊満な魅力的な女が、やはりいいのかしら、本当に男というものは……」とあきれ顔。

サザナミを見ていた友人が、「あの体つき、色っぽさ、何だか、まるで叶姉妹みたいね」と言う。あまりに言い得ているのでおかしくてたまらない。叶姉妹には、失礼。

しかしサザナミの体はカナダの寒い所が原産だからたくさんの羽毛に覆われていて、夏はさぞ暑いことだろう。両方の翼を体から浮かし、体温がこもらない様に工夫している。

それにしても大量の羽に覆われてどうやって交尾をするのかが気にかかる。ある日のこと、サザナミの後を歩いていると、お尻の羽が放射状に、「ふんわりパー」と花火のように開いて肛門がむき出しになった。見ていると卵の大きさのフンをこともなげに歩きながら放出した後、ふんわり閉じた。自由自在に肛門を開いたり閉じたり出来るのだ。

そしてある日のことサザナミ姉さんは尾羽を開いたまましゃがみ込み、この雄鶏を受け入れた。交尾は一瞬。その時、本によると八十億個以上の精子が放出され、それは一ヶ月も生き続け受精させる力があるらしい。

それからというもの雄鶏は、美味しい虫を見つけると、喉の奥から愛しい声で呼ぶ。それに反応してサザナミ姉さんは走って駈けよる。「これこれ」と雄鶏が食べずに差し出すと、当り前のようにサザナミ姉さんは食べてしまう。見つけた美味しいものは自分で食べず、愛しい奥さんに食べさせる。やがて雄鶏はいろいろ自分達の子供を孵す場所を調べ始めた。主のいない犬小屋に入って点検したり、しゃがんで座り心地を確かめてみたり、自分が気に入るとサザナミ姉さんを呼び、「ここがいいんじゃない」と話しかけては巣作りの準備にとりかかる。巣の周りを見張るように巡回してその場から離れない。

そういえば小鳥も協力して巣作りや子育てをする。

鶏も同じだとは思わなかった。今の時代、当り前のように卵やヒヨコや鶏肉は工場で大量生産されるものと思っていたが、本来卵もヒヨコも雄がいて雌が卵を産んで孵し、こうして生き物は次世代に命をつないで子孫を残していくものなのだったと、改めて認識する。

こんな場面を見ていると、一度だけでもサザナミに卵を抱かせてヒヨコを孵してやりたいと思う。しばらく卵をとることをやめた。気に入った安全な場所で卵を孵すことが出来るよう配慮してみる。私の目が届き、木陰で涼しく、安全でカラスに見つからない場所。卵の数がだんだん増えて九個になった。

しかし、サザナミ姉さんはなかなか落ち着いて温めようとしない。サザナミが産まれたのは恐らく、孵卵器だろう。ヒヨコに孵す機器の事だ。一定の温度で二十一日、まんべんなく卵を温め回す機器を孵卵器といい、サザナミも親もその親も代々にわたってこの、孵卵器でこの世に生をうけたに違いない。これが百代もその上もと長く続くと、卵を温めて孵す本能が薄れて、当り前の自然のことが出来なくなるのではないだろうか。今年、サザナミのヒナは本当に誕生するだろうか。

しかし烏骨鶏の場合は温めるのが上手で、産むとすぐ温め始めるらしいのだが。

その間、雄鶏はあいかわらず大声で喚き散らす。

「お願いだからそんなに騒がないで、そんなに騒いだらここにいられなくなるじゃない」と本当に困惑する。今後どうしたらよいか、いろいろ手立てを考えてみるが、騒ぐ雄鶏は、薬膳料理店にすぐに連れて行かれる。

鶏は食用品、消耗品なのだ。うるさければすぐにでも食ってしまえ。ということである。

しかし、この雄がいるから、卵もヒヨコも産まれるのであり、もしこの世に雄がいなくなってしまうと、たちまち、鶏の種は絶滅してしまうのだ。そんなこと、分かっているのに大声で鳴くだけで生きられないなんて、こんなに人間社会に貢献しているのに、何と理不尽なことだろう。

戦前、戦後の日本は隣り同士、軒を連ねていても何処の家にも裏庭に鶏が飼われていて、朝は鶏の声に目覚め、「早起きは三文の徳」等と言われた。

鶏を飼うことも鳴き声も日本の自然風景であった。

サザナミ姉妹は、小学二年生の孫の太陽の運動会に行った帰りに、ペットショップで購入して、車に乗せ連れ帰ってきたのだ。

孫の太陽も、本当は自分の庭があれば、どんなにかサザナミや生き物を飼いたいだろう。「僕、本当は電車やバスに乗らなくても、歩いておばあちゃんの家に行ける所に住みたいんだよねえ」とポツリと言った。今は北海道札幌に住んでいる。

私は家に帰り、早速サザナミ柄の古いマフラーに鋏を入れ、等身大の鶏のぬいぐるみを作った。綿をつめるとそれはまるで本物そっくりになった。生きているのが飼えないから、せめてものプレゼントだ。

太陽は毎日そのぬいぐるみを抱いて寝るらしい。

生き物大好きな孫の太陽にイルカも近寄って来る。手をのべて何か会話をしている

## 糸島は新天地

十二月に烏骨鶏が我が家に来た時はヒナ鳥だったのに、二月ごろから鬨《とき》の声を上げ始めた。小屋は寝室のそばにあり、鶏の声で目覚めるのは何とも心地よいのだが、隣接した所にアパートがあり、私は鳴き声を心配して早朝は何時に何回、どのくらいの大声で鳴くのか、カレンダーに印をつけて記録を始めた。同時に小屋の中を段ボールで目張りしたり、声が漏れる風通しの穴をふさいだり、ビニールシートで小屋全体おおって、その上を古いこたつ布団で音が漏れないよう苦心した。

なぜそこまでするかというと数年前、東隣りに雄鶏がいた家があり、アパートに引っ越してきたばかりの年寄り夫婦が警察に通報したのだった。その夫婦が言うことには、「個人タクシーの仕事をしているので早朝仕事から帰って来た時、鶏の声がうるさく眠れず仕事に支障をきたす」という理由でその鶏は生きる事を許されなかった。

私の信条は生き物は死ぬまで責任を持って可愛がって飼うことであり、それは子や孫の情操教育にも必ずや良い結果をもたらすと考えている。

もし、苦情が来たならば、この白雄鶏はこのままでは済まない。とにかく周りからの苦情をくい止めるには先手を打つことだ。出来うる限りの予防をした後は、そのクレイマーと仲良くなること。塀越しにこちらから挨拶し、枇杷《びわ》やみょうが等、土地の産物を差しあげる。

私の家は昔からここで暮らしている。この人はたまたま、この地に来たばかりではあるのに……。と思わぬこともないが、そんなことを言っていたら自分が暮しづらくなる。好意を持つ家の物音は気にならないものだ。いつも心穏やかに楽しくすっきり暮らすには悩みごとを作らないこと。この歳になると問題や悩みごとの回避はかなりうまくなる。つまり相手を尊重し、余計なことを言わないと大体は無事に通り過ぎて行くものだ。一度口を衝いて出た言葉は心に突き刺さり消えることはない。今となっては厳しい姑に反論せず、言わずに良かったと思う事の方が多い。どうしても引けない場合を除いて、夫にも家族にも嫁にも口やかましくは言わない。

それでもやはり早朝の声が気になり、夕方はリビングに白雄鶏だけを入れることにした。家のリビングには土間があり、様々な所で活躍する。冬になると庭の観葉植物を土間に避難させる。ハイビスカス、ブーゲンビレア、月下美人等大鉢が入ると家はまるで植物園のようになる。病気の大型犬を介抱するのにも使った。今回は大きいケージごと白雄鶏を土間に入れる。そこは雨戸と二重ガラス窓と厚手のカーテンがあるのでほとんど外には声は漏れず安心だ。

ある日の事、外出していて私の帰りが遅れた。いつもは夕方うまい具合にリビングに雄鶏を隔離出来るのだがその日は日暮れて鶏は奥の止まり木に避難してしまった。それを夫が素手で捕まえようとするものだから、小屋の中は大騒乱になり、烏骨鶏は臆病なので大騒ぎになった。夫ははずみで怪我をするのではないかと思うほど奮闘することになってしまった。夫が、「やはり白雄鶏は元の家に返そうよ、返したらこの子はどうなる?」と、聞くので、私は「薬膳料理店がすぐに処理するらしい」と答えた。

この会話があり、夫も前の所に返すのをためらって、糸島の田中さんの所で白雄鶏をもらってくれるように頼んできたと言うのだ。

「仲間が大勢いてすごくいい所だぞ、先方の都合の良い日に連れて行こう」と夫はすこぶるご機嫌だ。

「お前は綺麗だから、きっと糸島では雌たちの人気者になるでしょう。たくさん子どもを産んで幸せになるのよ」

毎日話しかけては幸運を祈る。ああ、この子はもうすぐ新天地に向かって行ってしまうのか、私も本当はヒヨコを一度だけでも育てて見たかった。しかし、夫が約束して来たのだ。確かに日々心配して飼うより、畑でのびのび暮らす方がどれだけ幸せか。ただ私はその場所を見ていないから、心配もつきない。たった白雄鶏一羽の為にこんなにも心が揺れ動く。

連れて行く土曜日が来た。もう心配はすまい。と心に決める。車はワンボックスカー。後ろにかなり大きな荷物を積むことが出来る。大きなケージに白雄鶏を入れたまま後ろの荷台に乗せた。白雄鶏は慣れない事をすると恐がって騒ぎたてる。水も餌も出発する前からひっくり返してしまった。そして糸島に向けて出発した。

私は後部座席に座り、振り向くとすぐ後ろの白雄鶏と目が合う。三十センチ程の距離だ。ワンボックスカーは座席と荷台が同じ高さなので、白雄鶏の目が私と同じ目の高さですぐそばにいる。不安で不安で、すがるような目をして食い入るように見つめて来る。

「これからどこへ行くの、自分はどうなるの？」と言わんばかりに今から何が起こるのかを推測するように目が悲しみと不安でいっぱいだ。

そんな時、ほとんどの鶏の仲間は処理場へ向かうのだ。ＤＮＡがそれを感知して私の目に必死ですがり、一秒たりとて目をそらさない。今までこんなにも鶏の悲しげな目を見た事がない。家の鶏は皆、幸せで天真爛漫だった。又、白雄鶏に言い聞かせる。

「仲間が大勢の所で暮らすんよ。もうあんたは家では暮らせない。いろいろ試みて努力もしたけど、もう一緒には暮らせないの……」。

「ママ僕、いい子にするから、言うこと何でも聞くから、もう朝鳴かないから、お願い、僕を何処にもやらないで。お願い僕を捨てないで」と目が必死に物を言う。

まるで先日深夜放送BSで見たアメリカ映画AIのようだ。

近未来の映画「AI」は限りなく人間に近い感情や知能の優れた、とびきり可愛い子どもとして作られたロボットが、子どもの欲しい人に買われ楽しく家族と一緒に暮らしていたが、母親が次第にAIの未来が不安になり今後どうなるのかと考えると一緒に暮らせなくなる。そのAIを森の中におもちゃの人形のように置き去りにして棄てて行くのだ。子どものAIはママを慕い泣きながら必死に追いかけ、「僕いい子にするから、勉強してママの気にいる子になるから、置いて行かないで」泣きながら連れて帰ってもらおうと必死ですがりつき、追いかけるのだが、やっと追いついたママに突き倒されて、ママは車で立ち去ってしまう。

そこから一人、サーカスに売られたり、バズーカ砲の玉代わりで撃たれようとしたり、命にかかわる様々な試練が待ち受けている。

後ろを振り向けば、雄鶏はずうっと私を見ているらしく一時間も私を食い入るように見つめたままだ。この場面も助手席に乗せられて森へ連れて来られたＡＩが運転しているママを食い入るように見つめる場面とそっくり同じだ。

これから白雄鶏を託す糸島の飼い主、田中さんに一つだけ聞きたいことがある。でもそれを聞くことは許されない。あげた以上この子の運命はその人に委ねなければならない。

「この子たちは順番に食料になるのですか？」と聞きたいが聞いてはいけない。

しかし、この子にとってこれ以上の楽天地はない。ＡＩとは違うと考え、悲しげな目を振りきって現地についた。集落の中の田中さんの家はまるでお寺のようなお城のような大きな家だった。裏の方に大きな納屋があり、そこに兎やキジのヒナ鳥がいくつもぴよぴよ鳴いている。納屋の裏側にキジの大きな小屋が幾つもある。キジは大きいし、飛ぶのでかなりの大きさの小屋が必要だ。

田中さんに出会ってすぐ心配はとけた。生き物に対しての愛情あふれる仕草、優しい目が安堵感をもたらし、私は田中さんを一瞬で好きになってしまった。

田中さんがキジを見せてくれた。極彩色のキジと日本にはいない金鶏を見た。美しい日本のキジもここで生まれた。

「自分の家の烏骨鶏は血が濃くなっていたから来てくれて良かった。たくさんいても実は私は自分で殺して食べきらんのです」と聞き、ますます人柄も好きになった。私は嬉しくて嬉しくて心配の種がいっぺんに吹き飛んだ。

連れてきてよかった。田中さんとは初対面ではあるが、さぞかし私とは気が合うだろうと推測された。鳥の他に犬、うさぎ、メダカも大量に育てている。帰りにはメダカもたくさん頂いた。

生き物に対する慈愛の心が自然体で、あるがままに命をつなぎ、それを自分の幸せとする生き方が、よくもまあ、私に似た人もいるものだと感心した。これだけの事を成し遂げるには家族の協力もかなり必要だ。

ひと回り見た後、連れてきた我が家の白雄鶏を小屋に入れることにした。「その辺に置いておきなさい」とおっしゃるが、全く知らない所で野に放してしまうと何処へ帰ればいいのかわからない。鶏は帰巣本能があるから、それで二十羽の烏骨鶏のいる所に突然入れたのだが、何と闘いが始まってしまった。し烈な戦いは、終わることなく、さすがの夫も小屋の外から「来てくれ」と田中さんを呼んだ。見に行くと我が家の白雄鶏はボコボコにされて血だらけ。トサカの辺りから血が噴き出し、白い羽は朱に染まり、テレビや映画で見るような光景を目の当たりにすることになった。男の争いや戦いの場で、初めは互角の戦いがそのうちどちらかが優勢になり負けた方は抵抗する気力も失い、頭を抱え、体を丸めて殴られても蹴られても相手のなすまま気がすむまで痛めつけられるのだ。

それを見た田中さんが喧嘩の仲裁に入った。引き離してきた白雄鳥はぐにゃりとしたまま、初めての体験に茫然としている。目もうつろで事の次第がよく飲み込めない様子。

「連れて帰ろう」と私は独り言のようにつぶやいた。

「大丈夫と思いますけどね」と田中さんが言う。

「そう、最初は力関係の突きがあるのよね」私も分かったような事を言う。

「でも連れて帰ろう」またもやつぶやく。

夫も何も言わなかった。心を残しながら私はそのまま置いて帰ることはどうしても出来なかった。

糸島から出戻り、園田さん（203頁参照）に引き取られたAI少年のような白雄鶏

# V

# 鳥の形の薬箱

# 炬燵《こたつ》でヒヨコをかえす

六羽の烏骨鶏が我が家に来て一年経った。雌鶏をもらった筈が、雄鶏が一羽紛れこんでいたばかりに、それが心配の種になった。本来鶏は食用なので、手放せば食べられる運命。しかし三ヶ月の間に愛着が湧いて、もう手離せない。

住宅街では、近所に鶏を飼う家もなく、早朝の鳴き声に近くのマンションやアパートを気遣い、夕方五時を過ぎると雄鶏だけをリビングの土間にある犬用ケージに入れて夜を過ごさせ、翌朝八時に庭に出す暮らしにもようやく慣れた。

リビングに誘導するのも初めは大変だったが、そのうち私も雄鶏も双方が次第に慣れて、日暮れには、リビングに入ろうと待つようになった。

二度目の冬が巡って来た。他の雌達は庭の隅の寒い小屋の中で雨の日も雪の日も一晩を過ごすのだが、この白雄鶏だけは冷暖房の家の中。しかも夕食時には時々、ご相伴にも預かって美味しいものを差し入れてもらったりしている。始めこの白雄鶏はいつまで生きられるだろうかと思ったが、この状態であれば、他の鶏より一番長生きするかも知れない。本来鶏の寿命は閉じ込めたままだと三、四年、庭に出して自由だと七、八年余り、十年生きるものもいると聞いた。飼い方次第で長生きするのだ。

糸島から出戻り、振り回された一年があっという間に過ぎて、白雄鶏は成長し、美しい立派な鶏になった。七羽の雌の中でただ一羽、雄として自然にハーレムを作り、やがて主として君臨した。統率力もあり、優しさもあり、この雄を中心に我が家の鶏社会は動いていて、かっこいい。が、本当は雌に仕える小間使いのような一面もあり、雌の世話を焼き次から次へ、クルクルと一日中立ち働く。

烏骨鶏の雌は臆病で警戒心が強く、なかなか小屋から出ようとしない。白雄鶏はまず自分が小屋の外へ出ると、優しい声で、「安全だよ。おいで、おいで、出ておいで」とばかりに優しい声で外から誘導するのだ。

時には好物の虫を見つけ、自分は食べずに、「すごい御馳走見つけた、早く早く」と雌を促し、虫を銜えては地面にポトリと落とし、銜えては又落とし、雌を誘い出してそれを食べ

庭のカモミールや雑草の中でもひときわ映える白雄鶏

させる。さながら自分は食べなくても雌が喜んで食べる姿が嬉しくて満足そう。やがてひとかたまりの集団になり雌を従え歩いて行く。白雄鶏の動く所に従って集団で移動する。

そして雌が安心して卵を産む所を探し出し、そこに自分も座って座り心地をためしてみたり、カラスの目の届かない場所を見つけたり。ようやく安全な所を見つけると、雌に、「ここがいいよ、ここにしようよ」と誘う。雌も納得し、そこで座ると今度はその場を離れず見張り番。首を高く伸ばし、カラスが近づかないか、危険はないかとウロウロ。ゆっくりご飯を食べる間もないから雌に比べてとてもスリム。

二番目の奥さんが卵を産んだと呼ぶ。すると東へ走り、三番目の奥さんが、恐い！と大きな声を張り上げると又、西へ駆け走る。白雄鶏は七羽のお嫁さんがいるので、あっち走りこっち走り大忙しで情熱のおも向くまま。鶏の交尾はたった一瞬なのに一ヶ月は有精卵を産み出す力があるそうだ。

どうしても小屋から出ない若い雌がいる。白雄鶏は皆を連れて北の原っぱへ行くのだが、この若い一羽だけ小屋に残り、心細くなると鳴く。するとその声を聞いた雄鶏は又、一目散に戻って東の小屋へ駆けつけ、一諸に行こうと何度も誘いかける。皆を安全にまとめ、食べ物は雌たちに食べさせる度量の大きさ。雄鶏の習性というのか、性格なのか、何とも感慨深いものがある。

我が家の雄鶏は頼りがいがあり、とにかく偉い！

聞く所によると雌として生まれたヒヨコは卵を産むのに生き残れるが、雄のヒヨコはその場でシュレッダーにかけられて餌になるらしい。ほんの一握りの雄だけが種鶏として生き残る。雄は過酷な損な性なのかも知れない。虫の世界でもカマキリや蜘蛛等も交尾を終えると雄は雌に食べられて子どもを産む栄養源となる。


十二月になり烏骨鶏が卵を抱きはじめた。自分の白い小粒の卵に加えてサザナミの大きな卵を十個も抱え込んで抱卵し始めた。

サザナミ姉妹はどんなに条件を整えても、落ち着いて座らない。ペットショップで購入したので多分、何代にも亘り孵卵器で孵ったのだろう。その間に孵し方を忘れたか、本能が薄らいだか。

しかし、烏骨鶏は自然な条件の中で飼育されていた。家に来た時も極度に人を恐がり、野性的で小屋から半年は出て来なかった。一年経っても警戒してそばには寄りつかない。一度しかし、そのなかでもおばちゃん烏骨鶏だけはたくましい。一度しゃがむと、たとえ何があろうとその場を、テコでも動かない覚悟で背中を触れるほど。

カレンダーに印をつけた。産まれるのは正月頃になる予定。正月には東京から小学生の孫の太陽が帰って来る。この子は私に似て生き物大好きだ。ヒヨコ誕生に間に会うかもしれない。
「驚く事があるかもしれないよ」と電話すると、「ヒヨコが産まれたと?」とお見通し。
「まだよ、予定日が元日なの、七日までいるから、もしかしたらその時、産まれるかもしれない」

しかし、元日も二日も生まれなかった。四日はママ友の家に孫は泊まりだ。太陽が留守の日、小屋に入ると「ピヨピヨ」と声がした。

木の上で雀が飛び立った。

ああ、雀か、と諦めかけると、またもやどこかで「ピヨピヨ」。

すると黄色の手のひらに乗るくらいの小さなヒヨコが親鳥の羽の間からこちらをのぞいた。
「うわー! やっぱり産まれたんだ! やったあ、でかしたあー!」脅かさないよう小屋の外からそっと何度も何度ものぞく。明日、孫が帰って来たらどんなに感激するだろう。電話で知らせるのを我慢して明日までのお楽しみ。

五日の朝、鶏の食事の用意をする。大根の葉っぱにリンゴの皮も小さく刻む。どれも良く洗って残留農薬がないよう気を遣う。我が家では残り物もご飯粒も一粒の無駄もない。最後にみそ汁のアサリ貝を砕いたカルシウムを市販の鶏の餌に混ぜ込んで、小屋を覗いた。

「ピヨピヨ」と声がする筈なのに何の声も聞こえない。

寝ているのかな？ 妙な静けさだ。何だか静まりかえっている。

持ってきた餌を中央に置いて、座っている母鶏の前にも餌を入れた。餌の横には水を一杯たたえた古いホーローのケトルが置いてある。

母鶏が座ったまま水を飲めるように配慮したものだ。ふと見るとそのケトルに黄色いふわふわの綿のような、キノコのようなものが浮いている。

「なに？ これ」とすくいあげ、もう一度よく見ると、何と、こともあろうに昨日、目撃した産まれたばかりのヒヨコではないか。ど・う・し・て！

事故なのか、母鶏はまだ知らないのか、助けるそぶりもなく卵を抱いている。ぐったりしたヒヨコを掬いあげると、とっさに家の中に走った。

びしょ濡れの体を拭いてストーブの前に座った。あんなに楽しみにしていたヒヨコの誕生を孫の太陽に、溺れて死んだと報告をする訳には行かない。

一刻も早くとにかく温める。一か八か、息を吹き返すかどうか分からないけど、やれるだけの事はやってみよう。一体どれほどの時間、水に溺れていたのか知るよしもない。そうだ人工呼吸だ。心臓辺りと羽の下を指で優しく強くマッサージする。うぶ毛がだんだん乾いてふんわりになった。足に少し温かみが戻って来た。でも体はまだ氷のように冷たい。本当に仮死状態だ。

更に温めてマッサージを続けると、小さな口ばしが、ほんの少し開いて息を吐いたかに見えた。やがて二、三度大きく息をした。

無我夢中で時間はよく覚えていない。一、二時間経っただろうか、かよわい声で「ヒヨヒヨ」と鳴いた。助かった。ようやく生き返った。奇跡は起きたのだ。

安静に大事に大事に真綿でくるむように手のひらに包んで、かた時もそばを離れられない。正月でよかった。出かける用事もお稽古もカルチャーセンターも今は休み。一日中ヒヨコにかかりきりでいられる。

ヒヨコは産まれた時始めて見た物を親と認識する。生還して始めて見たのが人だったので親として刷り込まれ、一日中ずーと夫と私を目で追い、「抱っこして」と慕い続け鳴いている。その要求を受け、フリースの暖かいシャツのポケットにヒヨコを入れて、家の中を連れ歩く。眠るときにはなるべく母鶏の羽に似た状態のふんわりポセットを羊毛で作り、抱かれて眠れるような状態にして寝かせる。

文鳥など小鳥のお布団はフェルトで吊り下げ型のベッドを作り、籠をすっぽり覆う布は白い古いシーツやタオルケット。両端を縫うと籠全体をすっぽり被せられる。

必要なものはたいてい何でも自分と夫で作る。柵や小屋作りに必要なので、木切れや間伐材や古着等、何でも簡単には捨てられない。すぐに必要とする日が来るのだ。それがまた楽しい。

カナリアや文鳥等の小鳥は親が口うつしで餌を運び、自立するまで相当時間がかかる。ところが、このヒヨコは生まれてまだ幾日も経たないのに、餌はひろって自分で食べ始め、水場を教えると一度で覚えた。手がいらず、なかなか頭が良い。甘える声、眠たい時の声、かまってほしい声がはっきり聞き分けられる。

『自分に構って、構って』とまるで孫のやんちゃ坊主と何ら変わりない。ヒヨコは元気になり、うるさいくらい大声でピイピイ訴える。

リビングのヒヨコの大声が鶏の小屋の母鶏にも聞こえるらしく、子どもを返してくれと、ヒヨコの元へ狂って走り出さんばかりだ。

いろいろ考えて見たが、大雪の中、小屋の中は夜中の気温は零度になるだろう。しかも一度子どもを手放しているので、ふたたび世話をするかどうか、羽の中に入れてくれなければ一晩ももたない。

ヒヨコも生き返った時点で私達夫婦を親と刷り込まれている。だからこのヒヨコは家の中で面倒をみることにした。

ところが、この騒動で母鶏は後の残りの卵を温めるのをやめてしまった。普通ならば食事の時間や排せつの時間さえも惜しがるように十分、十五分であわただしく帰って来るものだ。それが、一時間、三時間、五時間も戻らない、諦めたのだと判断した。せっかくここまで来たのに、このままでは全滅するだろう。

途中まで温めた卵を家に持ち帰った。もしかしてまだ温める気があれば戻してやろうと思い、代わりの新しい卵を五個巣に置いたのだが一晩経っても二晩経っても温める気はなさそう。母鶏は卵の上に腹からしゃがんでいるものと思っていたが、胸、首、腹、羽を体全体を使って羽毛布団を作って温めていたのだ。

よく見ると母鶏の胸の羽は傷んで、ところどころ禿げて見る影もなくすりきれていた。一ヶ月も温めたのにヒヨコを取られて、疲れきって諦めたのかもしれない。

さて放棄されたこの卵、生きているのか、死んでいるか本当に分からない。しかし、もし生きていればこの一週間内に生まれるはずだ。まず母鶏の環境に似せて温めることが一番と思われた。

お歳暮に送られてきた石狩鍋セットが入った発泡スチロールがおあつらえ向きに丁度いい大きさ。その中に使わない冬ものハンチングの帽子を巣のように置いて、古いタオルを敷いてみた。ドーム型の帽子は卵を温めるのに格好の巣のようで、転がるのを避けられ包み込むように安定感がある。その中に温度計とスプレーを置いた。温度計は母鶏の体温に合わせ、炬燵《こたつ》で二十五度から三十度位を保ちたい。インターネットでは三十八度とかいてある。スプレーは卵を時々霧吹きするようにと聞いた。これを炬燵《こたつ》に入れ、一か八か試してみることにした。

そして一週間たった。一月十三日土曜日十二時三十分、自彊術の体操から帰り、炬燵《こたつ》の中の卵を指でなぞると卵の殻が指に引っかかった。ほんの少し、七ミリ程のかけらの間から中の様子が、黄色いくちばしの先端が見える。

卵の中から嘴《はし》うちがはじまったのだ。今まさに卵の殻をすこしずつ割ってから生まれ出ようとする場面が今から始まるのだ。

映画で見た昔の人のお産は産婆さんが、妊婦の家に出向き、布団を頭からすっぽりかぶって寝ている妊婦の股の間から胎児の具合を調べていた。

私も同じように頭から炬燵《こたつ》布団をすっぽりかぶり、卵の様子を懐中電灯で調べて見た。

少しずつ卵の殻を自分で割り、疲れては休み、疲れては休み、殻を広げて行く。そしてついに上下に卵が二つにバリンと目の前で割れた。

グニャリとした何とも形容しがたい生き物が頭と腰を折っていて濡れた身体が見えている。昔、映画で見た恐竜の赤ちゃん誕生みたいだ。寒いので炬燵《こたつ》の温度を下げないように息もつかず見ている。

「殻を取ってはがしてやろうか」と夫が言うが、にわか仕込みの知識では残った黄身を体に取りこんでいるので待ったがよいらしい。

「自分で出るまでは見守っておいたがいい」と聞いたので息をのみながら見ていると、濡れた足を卵からようやく出してうぶ毛を乾かし始めた。そして四時間半かかって産まれ出た。

それから四日後、次の子が産まれた。寝る時に「嘴うち」が始まったが、インターネットに二十四時間後に孵化が始まります。と書いてあったので暖かくして眠ると朝、何と、六個の卵の中に一羽、キョトンとした真っ黒なヒヨコが、羽も乾いてつっ立っていた。何とも可愛らしくて真っくろ黒介と名前を付けた。

それからまだ産まれない他の卵を耳にあてては、卵の中の音を静かに聞いてみた。もしこれが全部孵化したらどんなことになるだろう。恐ろしくもある。

一つだけ反応する卵がある。

聞こえる、確かに聞こえる。

「もしもーし」と爪の先で優しくツンツンとたたくと、カシャ、カシャ返信音がする。足の爪が卵の殻にすれる音か。体の向きを変えてる音か、くちばしのさわる音かもしれない。

「もしもーし」何度も交信する。そのたびに反応があり、ピヨピヨと声もした。しかし他の卵からの反応はない。

やがて嘴うちがはじまったが、何時間たっても殻が破れない。

少しはがして見ようと殻を七ミリ程爪ではがすと、殻だけ取れて中の卵膜が出て来た。膜をどうしよう。これを手で破ってよいものか、どうか。この膜は空気のみを透過する超高性能の膜で雑菌や細菌も透過しないらしい。余計なことをして死なせては大変だ。暫く見守ることにした。

しかし少し穴をあけたまま何時間も動きがない。そんな時は母鶏や兄弟が嘴うちを手伝うらしい、とインターネットで見て意を決した。

少し手伝ってみよう。無理せず、すこしずつ、人もヒヨコもみんな同じじゃない。産まれ方が皆それぞれ違うんだ。

同じ兄妹とはいえ、四時間で自然に産まれるのもいれば難産の子もいて当然。誰の手も借りず、いつの間にか産まれて、キョトンとしているのもいる。

産まれたばかりで水に溺れて命からがら助かったヒヨコもいる。

太陽のママが、「この家に生まれたからには一生の幸せが約束されたようなものよ。だから、死んだらだめだよ」と話しかける。

四羽目は時間をかけて介助してようやく生まれた。小さなヒヨコだ。後で二つに割れた卵の殻を覗くと、卵膜には血管が網の目のように走り、黄身が少し残されていた。
四羽の兄妹は仲良しで、抱き合って温め合って遊んで、餌を取り合っている。兄妹がいれば親は必要ないらしい。後追いをしなくなった。

外は大雪。産まれたヒヨコが雄だろうが雌だろうがもう、そんなこと大した事ではない。どちらでもいいとおしい。訳ありとはいえ、炬燵《こたつ》の中で生まれた話なんぞ聞いたこともない。春が来るまでこの小さな生き物を家で育てなければならない。臭うし汚す、衛生的ではないが東北岩手の伝統的な農家の住まい、「南部曲がり家」は母屋と馬屋がL字型につながって人と馬が同じ屋根の下で暮らしていた。馬を思えば、鶏やヒヨコ等、犬猫と同じペット。

夫と同じ考えで本当によかったと思う。それより何より可愛らしくてたまらない。この子たちも、多分手放せないことになるだろう。

このヒヨコは上手く育てれば十年は生きるだろう。それを目標に、自分達夫婦も世話が出来る体を十年間は健康に維持して行こうと、夢と希望が湧いて来る。

何しろ長寿の為の完全栄養食品を毎日供給してくれるのだから。
「卵の不思議」を体験して、年寄り夫婦がかぐや姫を授かったような気持ちになった。

## ぴよぴよかぐや姫

昔々、おじいさんとおばあさんが山で「バン」と竹を割ると中からかぐや姫が出て来た日本昔話と、卵の殻を「バリン」と割って炬燵《こたつ》から出てきたヒヨコが重なってしまうほど、ヒヨコの誕生に、すっかり心を奪われてしまった。

ヒヨコが産まれた日は二ヶ月に一度の歯科検診の日だった。歯茎の具合を調べて歯石を取り、丁寧に磨いて歯石がつかない処置をして、その後、歯茎を両手の指でマッサージしてくれて、最後に虫歯予防の薬を入れ小一時間ほどで終了する。このメンテナンスのお陰で、何年も虫歯の治療をしたことがない。ところが大事にしているこのメンテナンスを完全に忘れてしまった。

炬燵《こたつ》の中で産まれ出るヒヨコを息もつかず見ていて、予約時間をすっかり忘れてしまったのだ。

気がついたのは翌日。病院にすぐに電話を入れた。

「すみません今、気がつきました。申し訳ありません」と平謝り。

「何かあったのですか？」

「実は家の子が急に産気づいて、生まれ始めたものですから」

「それは急なことで大変でしたね。無事に産まれましたか」

「はい無事に産まれました」

予約を取り直し、一ヶ月後に病院へ行った。

「おめでとうございます」と、言われて本当の事が言えなくなった。

嘘をつくつもりはなかったのだが、「家の子とは鶏のことです」とは言いそびれ、嘘を重ねてしまった。でも家の子は家の子に間違いはない。

今年は大寒波なのでヒヨコは親鶏に返さず、このまま家の土間で春まで預かることにして、体温管理のため「ヒヨコ電球」をペットショップで買い求めた。

これは四十ワットの電球保温ヒーターでオレンジ色の安全なカバーが付いているので火事、やけどの心配がない。電球といっても明るくはならないので安眠を妨げないし、噛んだりして電気コードが傷付かないよう本体とコードの接合部分に、いたずら防止リングが取り付けてあるので安全だ。

ヒヨコは寒い日は、このヒヨコ電球に抱きついて猿団子状態になっている。餌は、誕生から一ヶ月というヒナ専用の餌を与えて育てた。近くの量販店にヒヨコや鶏の餌が売られている。需要があるのは飼育している人が、今もいるからだろう。

ヒヨコは室温にさえ気を付ければ、パンでも野菜でも何でも食べるし、手がかからない。

やがて生後五十日を迎えてヒヨコは鳩くらいの大きさになって犬用の大きいケージに四羽を移した。木箱で寝床を作り、砂遊び場も作った。ケージの真ん中には止まり木を渡し、同じ高さの休み場も夫が作ってくれた。ヒヨコはそれが気に入って飛んだり跳ねたり飛び上ったり、とても楽しそう。

一月五日に最初に産まれて水に溺れ、死にかけたひよこも元気だ。が、足の爪がない。助けた時はちぎれかけてはいたものの、確かに何本かあったのだ。推測だが、多分溺れた時ももがいてもがいて、何とか引っかかりを爪で掴もうとケトルの中を狂い回ったあげくに、足の爪をもいでしまったのではないだろうか、この子はアヒルの水かきのような足になってしまった。

夫が、「鶏は蹴爪で相手に立ち向かい喧嘩するのに、これでは戦えないよ」と心配する。それは男の発想だ。止まり木に爪をかけて上がり難かったり、庭の虫を探す時、土をうまく掘れないかも知れないけれど、そんなこと、大した事ではない。男は戦う武器が無い事を心配し、女は生活や食べ物を取れるかどうかを気にかける。

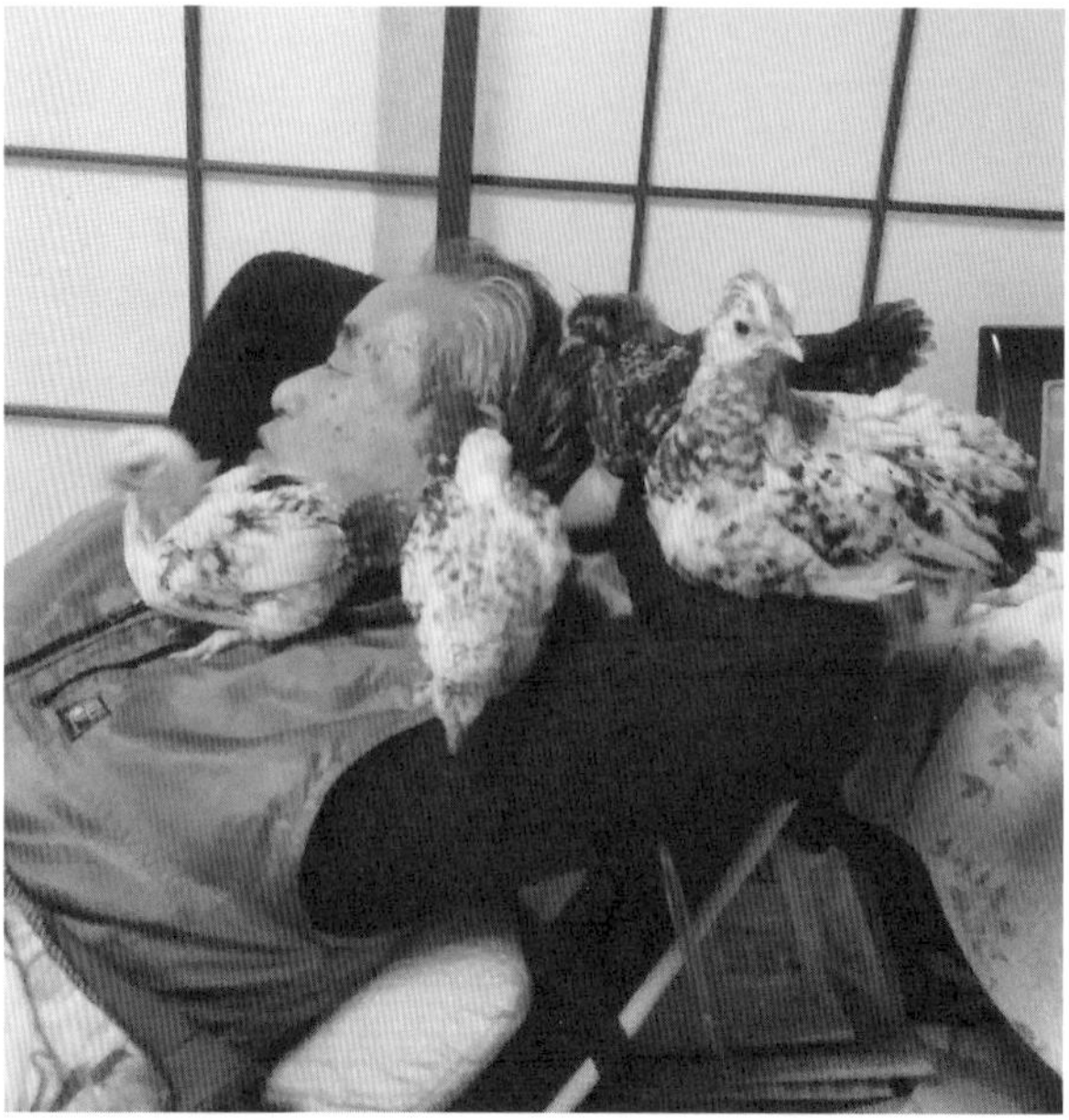

炬燵《こたつ》で孵《かえ》ったヒヨコは、初めて見た夫を親だと思っている。

ヒヨコは成長し、真ん中の脚爪をなくした子は園田さん家(203頁参照)に引き取られる。左上に黒猫のしっぽと手が見える

命を助けたこの子が一番私を慕ってくれている。ケージに手を入れると、この手にすり寄って来て頼りに思う気持ちが私にも伝わる。

二番目に産まれた子は自立心が強く、いつも遠くからこちらを見ている。三番目の真っくろ黒介は愛嬌があり、フレンドリー。四番目の子は介助して生まれた為か、体が小さくおとなしい。

同じ兄妹でも性格も体格も違う。

昨年旅をしたバリ島では、つながれてない犬が、街中何処にでも、たくさんいた。日本でも昔は多くの犬は町や村の一角をねぐらとし、住民から残飯をもらい、生活していた。明確な飼い主がいない里犬は地域の番犬として、見知らぬ人に吠えるのが仕事だった。鎖も犬小屋もなく飼い主も曖昧に飼っていた。この様にバリ島でも家の路地や畑や空き地に、犬と同じように鶏が何処にでもいる。これも曖昧に適当に飼っているという感じで、隣の家のものか、向かいの家のかも分からなくなりそうだが、鶏というのは、自分の範囲テリトリーを持っていて、そこからは決して出ないから、庭のとり、すなわち「ニワトリ」というらしい。年間を通して暖かいバリ島では常にそこらへんで抱卵していて、次々生まれては鳩くらいの鶏のヒナが何処にでもたくさん自由に遊んでいて、大きくなると卵を産んでその家の役に立つのだろう。

その時は祭りの最中で寺院の沿道には沢山のお店が並び、若い人も年寄りも大勢の人が着飾って、頭に大きな籠を乗せ、寺院へと行列が続いていた。

「その中には何が入っているのですか？」と籠の中の物を尋ねると、「この中は神様に捧げる食べ物です。お参りが終わったから、食べてもいいですよ。どうぞ」と、小さく切り分けたお菓子や果物を初めて出会った観光客に勧める優しさに驚いた。見るとその食べ物は色とりどりの生花に飾られている。沿道には二、三日前に産まれたばかりのヒヨコが色を塗られて五十羽程がすし詰めで売られていた。


最近、テレビで見たのだが、歌手の吉幾三さんも「コッコ」という友達のような鶏を子どもの頃飼っていたそうだ。毎朝、幾三さんを家から学校まで送り、帰りは学校に迎えに来ていたらしい。イギリスの片田舎に住む、四十代のある女性の話も面白い。毎日バスに乗って街へ通勤する。家から歩いて七百メートルの所にあるバス停まで毎朝八時に家を出て車道を歩くのだ。ところがその女性を誘導するかのように、率先して前を歩いて行くのが女性の家に飼われている鶏だ。女性の帰りは毎日四時半着。バスが着く時間にはバス停に毎日欠かすことなく、その鶏が出迎えに来るそうだ。その光景は何年も続いているらしい。

この女性が言うには、「雨の日も雪の日もあり、明るい日も暗い日もあるのに、何できちんと四時半ぴったりに迎えに来るのか分からない」と言う。帰ると鶏は女性の肩に乗るのが日課で、安心して嬉しそうだ。ヒヨコは止まり木のような肩や腕が好き。

我が家でも夕食後三十分間だけ「ヒヨコと遊ぶショータイム」が開かれる。ケージから一羽ずつリビングにヒョイと出すと、ヒヨコは歓声を上げて大喜び。オリンピックさながら羽を広げて一メートルもジャンプ高跳び。パン食い競争、麺のつるつる丸飲み競争、すじ肉の取り合い合戦と運動会が始まる。好物の納豆を食べさせると口がネバネバするらしく、夫のシャツで口をぬぐい、そろそろ落ち着く。そのあと、夫の肩や腕の辺りで寛いだり、ソファに一列に並んでテレビ観戦。三十分経って、「アー、面白かった」と夫。

「でもいつまでもこんなこと出来ないわね、外にデビューしたらもう家の中では遊べないわ」

「春までの後、一月ほどの楽しみだね」

まるで責任のない孫との暮らしのよう。

## 卵の不思議――ヴィクトリア女王も裏庭飼育

今、アメリカやヨーロッパで裏庭飼育が静かに流行している。消えゆく田舎の伝統と再びつながる為の安価で手軽な方法を鶏が提供してくれる。イギリスのヴィクトリア女王も二十三歳の時から、宮殿の庭で飼っていた。その後外国からも珍しい鶏を集めて飼っていたという。

ペットにもなるし、卵を供給してくれるし、いざとなれば食料にもなる。それは決して日本では犬や猫では出来ない。

外国では鶏は様々な病気の薬として古来から「鳥の形をした薬箱」といわれて重宝されたようだ。喘息、うつ病、心臓病、膝痛、リウマチなど、万病にきくといわれた。特に烏骨鶏の肉は今も薬膳料理に使われる。〝システイン〟というアミノ酸が含まれており、老化してたるんだ肌や競走馬の関節の治療に数十年も前から使われてきた。

しかし人間の健康を陰で支える鶏の一番重要な役割は、最もありふれた病の一つであるインフルエンザと戦うことだ。

卵は、インフルエンザの世界的流行を食い止めるワクチンを作る入れ物として使われる。ある本の資料によると、インフルエンザの世界的流行が最初に記録されたのは十六世紀で、何百万もの人が発病し、その後一九一八年、地球規模の大流行では推定五千万人が死亡したという記録がある。日本でも毎年一千万の患者数だ。

現在ではドイツのドレスデンにある工場で年間六千万回接種分のワクチンを造り出し、インフルエンザのシーズン前に七十ヶ国へ配分している。ワクチンを作るには九日前に生まれた有精卵が必要で、その卵にウイルスを慎重に注射針で差して培養する。

一人分のワクチンには三個の卵が必要で、携わる科学者が言うには、卵は宇宙船よりも複雑で精密な構造らしい。

人間に貢献しなければならない鶏の生と死を考える。

スイスでは国民すべてが避難できる核シェルターがある。もし地球が核の脅威にさらされ他の星へ移住する時が来たら、最も重要なタンパク源としてまず手近な鶏を同行させるだろう。実際アメリカのＮＡＳＡでは鶏が惑星間旅行に耐えられるかどうか実験をしており、可能と結論づけられている。

やはり、ぴよぴよかぐや姫は、いつかは月へ帰るのだ……。

鶏は人間が移住して見知らぬ土地を占有する際に、犬の次にお伴をすることが最も多かった。


毎年参加しているヨーロッパ旅行のお知らせが今年も届いた。行き先は日本と最も縁の深いポルトガル縦断の旅。天正遣欧少年使節団が授業に参加したエヴォラ大学やパイプオルガンの腕を披露したカテドラル等、興味はつきないのだが、授かったヒヨコは孫のようであり、かぐや姫のようであり、十二日間も家を不在に出来ないほどの気持ちになる。他にもまま理由はあるのだが、夫一人に任せてそばを離れたくない、離れられない気持ちなのだ。

たくさんの選択肢の中から優先順位を自分で選ばなければならない。人にはそれぞれの価値観がある。今行動しなければ、二度と行くことがないかも知れないポルトガルの旅ではある。八十歳の旅行仲間が、「もう後がない、時間がない、来年はどうなるかわからない、だから今行動する。一緒に行こう」と言う。

しかし、今の私には旅行より何より、ぴよぴよかぐや姫の存在が一番気になるのだ。こんな小さな生き物に心をとらわれて、「今年は参加出来ません」と、早めの連絡をすると気が楽になった。

葡萄の木の下は自転車置き場。白い柵の向こうに鶏は遊ぶ

# Ⅵ 太宰府の歴史への誘い

Ⅵ扉写真＝一三五〇年前新羅から日本を守るため築かれた城砦で、後に太宰府の出入口となる水城堤防

# 雄鶏騒動（一）

正月に炬燵《こたつ》で孵《かえ》った四羽のひよこが、雄か雌かと気になってはいたが、全部が鬨《とき》の声をあげる雄鶏などと最悪の事は、よもや考えてはなかった。たとえ雄、雌五分五分で産まれても二羽の雄鶏ならば、大声で騒いでも何とかなるだろうと思っていた。それは糸島からの出戻りの一羽の雄鶏の扱いに慣れてきて、二羽くらいならどうにかなると、高をくっていたからだ。

ひよこは元気で可愛らしく、手がかからない。ウズラ程の大きさになると今度は鳥籠で飼って、夜寝るときだけは炬燵《こたつ》を使った。ひよこは元気で逞しく、生まれた時から自分で餌を食べるし、水も飲む。気をつけるのは体温管理だけである。ひよこは寒さに弱いので四羽

〈上〉雄鶏は皆を統率して歩く
〈下〉春の庭は花がいっぱい。虫もいっぱい。鶏たちはジャングル探検へ

で体を寄せあい暖をとる。親がいると、羽の中に包みこんでくれるのだが、そばにいないので、かえって自由に抱いたり遊んだりポケットに入れて持ち出したり出来る。親がいないひよこは、扱いやすい。簡単に小屋への誘導が出来るし、とてもフレンドリーなのだ。

やがて五月の連休になった。その頃から一羽目が、コケコーと、練習を始めた。この一羽目は正月五日、ケトルに入れた飲料水に溺れて仮死状態なのを助けたひよこだ。

「アリャー、がっかり、残念！　オスばっかりなのか！」命を助けてあげたのだから、せめて卵でも産んで貢献してほしかった。この鶏は水に溺れた時ケトルの中で、もがいて足の爪も無くしてしまい、アヒルの足のようになり、ハンディがあるので可哀そうに思うが、なかなか強運らしい。しかも人の足を後ろから口ばしで突く癖があり油断ならない。時々こんな癖を持つ鶏はいる。

そして真っくろ黒介、二羽目が鳴きだした。ええーっ。と思う間もなく三羽目、四羽目が続いて鬨《とき》の声を上げ出した。何と全部が雄鶏だったのには、大ショック。一ヶ月の間に鳴き声は、ますます上達して何処までも大きく高く響き渡る。

糸島からの出戻りと合わせると雄鶏が五羽だ。一羽が鳴くと我も我もと五羽が順番に競い合って鳴き喚く。もう一日中コケコッコーの大歓声。それには本当にいたたまれず、焦りもあり、夕方からはリビングの土間に入れることにした。雨戸を閉めて、二重ガラスを閉めて厚地のカーテンの上に薄地のカーテンで対処した。近所から、いつ苦情が来るかハラハラする毎日だ。外出先でも夫が困惑しているのではないかと思うと落ち着かなくて、脱兎のごとく帰宅する。

そんな時、夏と冬の年二回のクリーンデーの日がやって来た。それは近所の人たちが集まって道や近所を掃除したり、草刈りをするのだ。今年の組長さんは、口やかましい。きっとこの機会に何か言われるかも知れない。苦情が来たら最後、雄鶏たちは生き残れない。早く対応しなくてはならない。雄鶏等を貰ってくれる人がおいそれとは見つかるはずもない。見つからなければ食用で差し出すしかない。それだけは何とか回避したい。早く行き先を見つけなければ……。

草刈りの途中近所の奥さんが、「最近の鶏は朝寝坊なのね、昔は夜明けと共に鳴いていたものだけど」と言った。

やったぁ！　朝、近所に聞こえてないんだ。とても安心した。

しかしそれでも家の中での朝方はすさまじい。リビングから寝室まで四つも襖や、ドアがあるのに朝五時から大音響で起こされる。若いうちに何とか早く貰い手を探す算段をしなければ、と動き始めた。

まず最初に六羽の雌鶏をもらった菜っちゃん。次に小鳥好きのバイク屋のおじさん。それから友達関係、野菜やの知り合い、生き物好きな人、山の上の人、田舎の人、大分の人、岡山の人、豚小屋跡地の人、鳥類文化センター。隣りの家の娘が勤める山の小学校、あらゆる考えつく先にどんどん当たる。友達の友達、知り合いの知り合いまでつないでゆくと、鶏に関してだけなのに、こんなに知り合いが大勢いたのか、と自分でも驚く。菜っちゃんは私に六羽も押し付けた手前、探す素振りをしてくれたが、もう鶏には手を出さないと見える。

「どうしようもなくなったら、肉屋を紹介するから」等と言う。そうしない為に相談しているのに……。

近所の、雌ばかりを飼っている、日頃は付き合いのない家の玄関に立った。

「ごめん下さい。家でとても美しい雄鶏が生まれたんですが、一羽だけでも、もらっていただけないでしょうか」と頼んでみた。

「可愛いから雄鶏も飼いたいのですけど、何しろここは駅前で住宅地ですから」

本当にその通りだ。帰りに小屋を見せてもらうと手作りの狭い小屋に三羽の雌鶏がいた。

鳥好きのバイク屋のおじさんは、「卵の形で雄雌を見分けて雌だけを孵《かえ》せばよかったのに……。自分の経験では卵の形がとがっているのは雄。丸いのは雌と選り分けて、昔、鳩の赤ちゃんを孵《かえ》していたよ、それでも間違うこともあったが……」。それを早く聞きたかった。

大分の知り合いは抱いた温度が三十七度以下は雄が生まれ、三十九度以上は雌が生まれる確率が高いという。これには心当たりがある。炬燵《こたつ》の中は常に三十六度だった。四十度にしたら雌の卵が割れたのだ。確かに、丸い卵ばかりが残っていた。中を割って見ることはなかったが、確かめねばならなかったろう。でもそれを出来なかった。確かに、昔、真夏に産まれたのは雌だった。

以前、小学四年の夏休みの研究でひよこを孵《かえ》した友人の子がいた。その鶏を田舎で預かってもらっていたのを思い出した。その田舎の人に口をきいてくれないかと相談したが、「もう、場所がない」と断られた。その代わりに山奥で豚を飼っていた人がいるから聞いてあげよう。と次につないでくれたが、これも今は手を引いたそうで、うまくいかなかった。

やはり雄鶏を飼うには町の中は駄目だ。今度は山の上の人を誰か紹介してと、田舎の友人に相談した。すると、「雄鶏は何羽でも、もらうそうよ、でも山羊の夫婦と交換はどうかと聞いて来たわ」という。

「山羊！」と戸惑いながらも嬉しい。山羊との交換、これはいいかもしれない。山羊の乳でつくるチーズは独特で、スイスで食べたチーズを溶かして食べるラクレット料理は忘れられない。この話はいいかもしれないと思った矢先、「でもその人は鶏を食べなさるのよ」と聞いて、この話、あきらめた。

私の窮地を見かねた親しい神社の友人が、山の上の知り合いの所へ連れて行ってくれた。

「おばさんが近くの養鶏場から貰った雌の廃鶏を四、五羽飼っているので頼んであげる」と連れて行ってくれた。でもそのおばさんは昼間は畑だから夕方でないと家にはいないという。もう日が暮れかかる時間だった。

ピンポンと友人が鳴らすと、暫くして十五センチ程細めに戸が少し開いた。友人が用事を告げると、おばさんが「今、裸なの」「何でもいいから、何か着て来て！ 何でもいいから、早く」と友人が言うのが聞こえる。暫くしておばさんが出てきた。いきなり裸の所へ、考えもしない、どうでもよい鶏の話を突然持ってきたものだから、不機嫌になるのは当たり前かもしれない。

あらぬ方へ話が展開してしまった。

「百万円もかけて鶏小屋を作ったのに、この廃鶏一個も卵産まんで。もう、いらんいらん。どいつもこいつも、絞め殺して食べたる」とご機嫌斜めで取りつく島もなく、苦笑して帰るしかない。

どこもここも断られ続けていると、そのうち、次第によからぬ考えがよぎる。

「本来鶏というのは食用の筈、何を血迷ってこんなに苦労しているのだろう。毎日かしわの肉を食べない日はないし、親子どんぶり、から揚げ、家族が一番好きな食料だ。クリスマスの時には一匹丸鳥を、ローストチキンにした。それは本当に豪華な御馳走で、我が家の大イベントであった。鶏には本当にお世話になったものだ。本来の姿に立ち戻る事もあるのではないか」等とあらぬ考えがよぎる。

子どもの頃、庭に鶏がいて、お正月は御馳走になった。父が絞めて、まだ温かいうちに羽をむしるのは子どもたちの仕事で、いつも手伝いをした。それを母がさばいて御馳走を作った。私は部位で一番好きなのは肝だった。しかし気が優しい父は鶏を絞める作業が嫌だったらしく、そのうちに飼わなくなった。

もし誰かが絞めてくれれば私はさばける……。

しかし、いや、待て。それは出来うる限りの努力をしてからの話。まだ力不足だと考え直す。何しろ、何より可愛いのだ。

何処かに安住の地がある事を信じて、今日も方々に、電話かけに精を出す。

## 雄鶏騒動（二）

雄鶏をどうしたものかと、焦るばかりで困っていたある日、昔から顔見知りの森山さんに出会った。

そうだ！　森山さんはとにかく顔が広い！　森山さんに相談してみよう。

「誰か雄鶏をもらってくれる人はいないかしら？　大声で喚いても心配ない山の中や、田舎の人に心当たりない？」と聞いてみた。

森山さんも何とか力になろうと考えてくれて、「国分の園田さん家は、一時期三十羽もの鶏を飼ってたわよ、でも今年、御主人が亡くなって、『もう鶏は飼わない』とは言っていたけど……」。

お気の毒に……。でも鶏を飼っていたとは良い情報だ。園田さんは最近こそ会わないが、三、四十年前、子ども劇場で一緒に子育てをした仲間だ。その当時、百五十人もの子ども達を中心に、観劇会、キャンプ、クリスマス会といつも一緒だった。クリスマス会の時にはオーブン大の大型ケーキを焼いてそれを二段重ねて、子ども達に思い思いにイチゴや生クリームで飾り付けをさせて、クリスマスを楽しんだものだ。子どもたちは大人になった今でも交流し合っている。

何と不思議なことに、昔の園田さんの電話番号がスラスラ口をついて出た。森山さんに仲介してもらうより、自分で気持ちを伝えて訴える方が話はうまくいく。

園田さんの性格は十分熟知している。いつもニコニコ、温厚で優しい人だ。頼めばなんとかなる。電話すると園田さんは、長い間、御無沙汰していたにもかかわらず、とても懐かしんで喜んでくれた。園田さんが言うには、

「今、雄鳥が二羽家にいるけど、五つある小屋を壊して片づけようと考えてるの」

「お願い！　小屋を壊さないで」と必死で頼んだ。

「あなたのお願いなら仕方ない。何とか考えてみよう。雄雌二羽と今年生まれた雄鶏二羽ならいいわよ」と、併せて四羽を苦笑しながらも受け入れてくれた。

昔のよしみで何とか、四羽もらってくれることになりホッとした。白雄鶏のつがいと、今年生まれた四羽の内、どの子を園田さんに預けようかと思案する。

一番初めに生まれた指のない子は、蹴爪の武器が無くて、しかも人間の後ろから突く心配な子だ。黒介は性格が温厚で可愛い。この二羽を園田さんの所へ連れて行くことにした。後

の雄鶏は行きどころがなければ食用になるかも知れない。気になる二羽を一番に選んだ。園田さんの家は三、四十年前、子どもを連れて何度も訪ねたところだ。家も道も昔と何一つ変わってない。ただ、当時裏庭で遊んだことは一度もなかった。園田さんも取り立てて家の裏側の話は皆にしなかった。

ところが今回、鶏を連れて家の裏へ回ると驚く光景が目の前に突然立ちはだかった。それは高さ十三メートルの巨大な丘陵。〝大野山霧立ち渡る我が嘆く　おきその風に霧立ち渡る〟と万葉の山上憶良が詠んだその山。大野山（四王寺山）から伸びた丘陵部分のそばに、小さな谷を隔てて園田さんの家があった。そこは国の特別史跡に指定されている水城の堤防へと続く場所だ。

昔、千三百年前白村江の戦いに敗れ、唐と新羅から攻められるのを恐れて作られた防衛施設が水城の堤防である。園田さんの家の裏から平野と山系を結んで、当時の国家事業で作られた。石積みした上に土塁を積み上げ堀を作り、底に水をたたえて敵の侵入を防いだという。これが水城の堤防と呼ばれ、園田さん宅の西側に、延々と大野山へと続いていたのである。少し離れた山側の園田さんの家の裏には、全く現世の物とは思えない手つかずの丘陵部分が昔のままで、その光景は衝撃的で思いもよらぬものであった。地元では「水城」とは特別の思い入れのあるなつかしい響きを持っていて、男の子も女の子の名前も一時期「みずき」は大宰府で流行した。

この水城の堤防は全長一・二キロ、それは園田さんの家がある反対側、つまり博多方面に水をたたえ、家がある東側にはその数年後、大宰府政庁が建造された。

人馬だけが頼りの時代、近郊の住民八千人が昼夜、一年がかりで作りあげたという。

そこから歩いて二キロほどに位置する我が家も、史跡地図や古代地図によると大宰府政庁から碁盤の目のように伸びる朱雀大路の中心の道からひとつ西側の道の一角にあり、右郭《うかく》一坊の辺りに家がある。

この辺りは神武天皇の行在所を警護した田中熊別の長者伝説が残る地域で、熊別の屋敷跡も楓屋敷と呼ばれた別荘も私の家の近くにある。集落に三十七所帯ある陶山家の先祖のルーツはこの田中長者だという。とすれば、我が家の御先祖様も千三百年前、作業に駆り出されてこの水城の堤防を作る貢献をしたのかもしれない。当時、長者で財があれば、作業で使う鍬や藁《わら》で編んだ「もっこ」と呼ばれた土や砂を運ぶ道具やザルや天秤棒など、道具揃えやあるいは労働力や女達は炊き出しなどにも貢献したかも知れない等と大昔を憶測してみたりする。

にわか仕込みの拙い歴史を紐解くと、この堤防が出来た数年後に大宰府政庁が出来て、その五十年後、現在も残る礎石を使った大掛かりな大宰府政庁に建て替えられる。

園田さんがそれまで鶏を多数飼っていたのを意外に思っていたが、裏庭へ出て見て初めて納得した。山に向かってどんなに雄鶏が鳴き喚いても、小鳥のさえずりみたいなもの。そして、家の裏、西側は低い谷になり、梯子をかけて昇り降りしているので、下の畑までは、二・五メートルくらいか。

そこから山に入り、散策することも出来るらしい。歴史の土塁に続く所を目の当たりにすると、壮大な歴史の森に溜め息が出る。丘陵には木が生い茂り森が栄え、千三百年も昔のままで立ちはだかっている。思わず息をのむ程だ。園田さん宅のリビングから見ると、天井まで続く大きな窓ガラス全体が森の深い緑に抱かれる。

ここに、我が家の可愛い雄鶏は安住の地をやっと見つけた。

こんな小さな鶏の命の縁を通して、私の心の中では千三百年前のところどころ、針の穴のように小さいポツンポツンと見聞きした歴史の点が、今、線になった。やがてそれが面となるだろう。

それは私の興味を強く惹いて、歴史のロマンを紐解く足掛かりになるのには十分であった。

水城堤防前で雄鶏を抱く園田さん（右）と著者

# 雄鶏騒動（三）——水城の堤防散策

令和二年十一月十二日、秋晴れの気持ちの良いお天気でまさに行楽日和。かねてから行きたかった水城の堤防巡りを、親しい北野さんご夫婦に案内を頼んだ。令和になり太宰府は一躍脚光を浴びて来たが、水城堤防が大野山に突き当る所がどんな風になっているのか、私は知らない。昔のままの土塁が残されている部分は分かっているのだが、先は森になっているのか藪をかき分け歩くのか、遊歩道がどのくらい整備されているのか、何も知らない。

歩いて見ると思いのほか整備されており、森や林が自然のままで手を入れ過ぎず、とても気持ちいい。遠くでかすかに鶏の鳴く声が聞こえる。声はすれども姿は見えぬ。私が園田さんに託した鶏に違いない。何処からか横道に逸れると行きつくのであろうが、森の中は横道もおいそれとは見つけられない。

途中キクラゲの群落を見つけた。キクラゲは枯れた木に寄生する。カリカリに乾燥しているが、雨が降るとフニャフニャのクラゲのようになる。中華料理に使うとすごく美味しい。

1350年前、近隣住民900人が昼夜問わず駆り出された堤防作り

沢山収穫した。実がなる山桃の木を何本も見つけた。ジャムにしたり山桃酒が美味だ。最近では山桃の木はほとんど切り倒されて何処にもない。梅の収穫後に色づく山桃はあまりに赤過ぎて踏むと血を飛ばしたようにおどろおどろしい。公園や学校では実が落ちると汚いと言うので最近では伐採されて、なかなかお目にかかれない。ここにこんな大木があれば、梅の収穫後、雨上がりに行くと大量の実が落ちている筈だ。来年の六月が楽しみだ。思いがけず宝物を見つけた。

北野さんは水城堤防のそばの団地に住んでおり、まだパソコンが一般的では無かった二十五年前、一回二百円というボランティア教室を立ち上げ、教室は中高年の人で溢れかえった。私もその生徒の一人。その生徒たちがやがて教える側になり簡単なワードやメールを教える七十代、八十代の年寄り先生達が多数誕生した。多分太宰府は他の地区に比べると家庭にいる年寄りのパソコン人口が多いと思う。紛れもなく北野さんのお陰だ。奥さんはお重に盛り付けた寿司や赤飯を十日に一度ほど私の家に届けてくれる。昔、百人分の食事を何十年も作っていたそうで、いとも簡単に届けてくれる。親戚でもなく病人でもなく、ただの親しい生徒というのに、まことに有り難いことである。

堤防を歩きながら北野さんが話をしてくれた。

「昔、縁あって和歌山から妻の実家がある太宰府に来た時感じたことに、地域によってはこうも話の内容が異なるのかと、とても驚いたよ。和歌山では近隣の住民の話題は、何処へ行っても、まず一番に天皇の話題で暫く盛り上がるんだ。それが太宰府では何処へ行っても皇室の話題が出ることがなく、とても不思議に思った」という。和歌山は初代の天皇神武天皇に所縁の土地だ。

確かに福岡では皇室の話はあまり上らないが、地域性というのはある。熊本は肥後モッコス、佐賀は葉隠れ武士、博多は祭り好き等。

「もっと荒れているかと思ったけれど自然がいっぱいで、なかなか素敵な遊歩道なのね」

「この遊歩道は団地に住む河野さんが六十歳で自衛隊病院の医者を退職してから愛犬を伴って、毎日、少しずつ何年もかかって無報酬で人が歩けるように整備されたんですよ、手に負えない時は私にも要請があり、『今日は階段をつけようと思うから、手伝ってくれんか』等と電話があり何度も手伝いに行ったものです。そのお陰で今は誰でも楽しく歩けるようになったが、昔は藪こぎで、イノシシや猿もいて、団地からこの堤防を越えると、もよりの国分小学校まで十分で行くのに、山が深くて危険だと言うので、一時間も回り道をして学校へ行きましたよ」と話が尽きない。

ある日の事、河野さんは大分の日田へ所用で出掛けた。何処に行くにも愛犬を連れての旅である。その日、日田の道の駅で買い物をしている間に愛犬とはぐれてしまい、どんなに探しても探しても見つけることが出来ず、やむなく心を残して帰ってきたが、どうしても諦めきれない。何度か探しに日田まで行ったものの、犬も動きまわっており、見つけることが出来なかった。

どうしたら探し出せるかと考え、気をもんだ揚句、行動に出たのは、家の庭土にはフンやおしっこの犬の匂いがしみ付いている。この土を少しずつ、はぐれた辺りから太宰府の家まで道のりの端に少しずつ撒《ま》いて帰り路を誘導しようという試みを考えついたそうだ。日田まではほぼ直線距離にしても五十キロ余り。運んだ砂も予想で重さ五十キロ以上。車の窓から少しずつ撒く行動を起こしたのだった。

数ヶ月後、ある日その愛犬は突然戻って来た。撒《ま》いた土の匂いで家にたどり着いたのかどうかは犬にしかわからない。河野さんの愛と執念でたどり着いたと思う。痩せこけ汚れて家に帰りつくや否や、家じゅうご主人を探して回り、家族があわてて当直中の河野さんに電話を入れるとすぐさま、誰かに当直を代ってもらい、急いで家に駆けつけると愛犬は顔を見るなり安心してその場にへたり込んで、死んだように眠ったという。安心して眠ることすら出来ない過酷な数ヶ月を過ごして帰ってきた様子だった。と聞いて胸がいっぱいになった。

その河野さんと愛犬がそれから毎日毎日、遊歩道整備に何年も費やしたという、その道を歩きながら北野さんは思い出話を語ってくれた。

「偉いお医者様なのに威張りもせず、おごり高ぶりもせず、無報酬で体を張って千三百年前の遺跡がそのまま残っているのを、次の世代に引き継がなければと、このまま人が通れない荒れたままにしておくことが忍びなかったんでしょうね。ここもそこも、この階段も河野さんの心意気が、手仕事の後が残っているよ」

「今、その河野さんはどうなさっているの？」と聞くと、「この道をここまで整備した後、昨年御高齢で亡くなられたよ。それは立派な方でしたねえ」

雄鶏の声を聞きに分け入った山の中で、思いがけなく感動的な河野さんと愛犬の話を聞いて、以前、我が家に迷い込んだ犬の飼い主に手紙を書いた事を思い出した。

# Ⅶ

# 犬がくれた賞金

**Ⅷ扉写真**＝サブは優しい犬だった。このノラの仔猫が他家へもらわれた時は悲しそうだった

# 歌う犬

家に歌う犬がいた。名前はサブ。次女が大学生の時、アルバイトに向かう途中、駅で偶然出会った。それは十二月三十一日大晦日の朝の事で、風が吹き抜ける寒い駅構内で「誰か子犬をもらって下さーい」と男子二人が通りがかりの人に呼びかけていた。しかし忙しい朝の時間立ち止まる人は誰もいない。

日も暮れて同じ場所を通りかかると、朝の男子がまだ同じ場所にいる。何時間も粘ったのに誰も、もらってはくれなかったらしい。次女は足を止めて子犬を抱いた。「この子何処から来たの?」と聞くと、「学校の校庭の木に縛られていた」と言う。「君たちは何年生?」と聞くと、「すぐ大学受検です。」「こんな場合じゃないのでしょう。早く帰って受験勉強しないと。何処を受験するの?」と聞くと、「福大です。」「子犬は私が連れて帰るから、私の後輩になりなさい。さ、早く帰って」と次女は子犬を抱き寄せた。その夜、男の子を慕って、子犬は朝まで鳴き続けた。しかも人を警戒して牙を剥いた。それまでに厳しい環境をかいくぐって来たらしい。

「困ったな、もしかしたらこの犬は噛む癖があるかもしれない、もしそうだとしたら、面倒なことが次々起こる。」と心ならずも私は心配になった。

サブは茶色の柴犬ミックス。やがて成長すると自分より小さい者なら、猫でも鶏でも亀でも無条件に可愛がる性格のとてもいい犬だった。ある日散歩に出掛けると、田んぼのあぜ道でサブが何かを見つけて興奮している。見るとそれは手の平大の亀だった。「これは僕が見つけたんだよ」と言わんばかりに、帰る道々、バケツに入れた亀を覗いては甲羅をペロリ、少し歩いて覗いては又ペロリと舐めながら帰って来た。それから亀にべったり。覗いて見たり舐め回したり、大変な思い入れ。

やがてサブは近所でも人気者になり、近くの小学三年生の透君と順君たちも休みになると毎日サブに会いに来た。サブはまるで自分の仲間のように心待ちにしていた。寒い日、子ども達は自分のマフラーをサブに巻いてやり一緒に飛んだり駆けたりした。庭で遊んでいて玄関の呼び鈴が鳴るとサブは、一目散にリビングを通り抜け、お客様を出迎える為にダッシュするのだった。子ども達を友達のように兄弟のように慕い、お客様を出迎え、自分を犬だとは思っていなかったのかも知れない。

春先のある日、午後十時のニュースステーションを見ていると、すぐ近所で火事があったようだ。ニュースによると独居老人が火事で亡くなったらしい。焼落ちた跡を力なくとぼとぼ歩く犬がテレビに映し出された。「この犬は明日にでも保健所に連れて行かれるだろう。明日の朝一番に現場に出向いて保護しよう」と私はテレビを見ながら考えた。

翌朝焦げ臭い匂いの充満する中、痩せこけたセルティ犬が、焼け跡を右往左往していた。連れて帰ろうにも逃げ惑い、さわることも出来ない。火事の現場を調査している警察官と市役所の人に「この犬を保護しますから、保健所に連れて行かないで。慣れるまで、ここにご飯を運びますから」と頼んで一週間後にようやく首輪をつけることが出来たが、連れ帰って少し後悔した。この犬は病気で下痢がひどく、病院へ連れて行くと「悪い下痢なので、度々現場を熱湯消毒するように」と言われ、それからが大変だった。しかしやがて元気になり、少し太って来た。セルティだと思っていたが、本当はコリー犬だったのだ。あまりに痩せているので、コリーには見えなかった。火事の家にヘルパーに行っていた知り合いの話によると、この犬は名前をチコと言い、繁殖犬の払い下げをここのお爺さんが貰って飼っていたらしいが、犬を訓練するのが趣味なので、それは犬に厳しく劣悪な環境だったらしい。チコは家に来ても心を開かず、おどおどしてあちこち逃げ惑い、落ち着かない様子だったが、優しいサブと、愉快なから揚げコッコに囲まれて次第に本来の優しい顔になって落ちつきを取り戻して来た。やがてサブと結婚し四匹の子犬の親になったのだった。娘は犬小屋にこもりお産の介助を夜中まで引き受けてくれた。

犬や猫に縁がある時よく「飼い主の方が先に死んでしまうと可哀そうだから」と飼わない理由を正当化してしまうが、動物側の思いはたとえ、一ヶ月でも三ヶ月でも短くてもチコのように一緒に安心出来る所で、心おきなく暮らす事こそが幸せなことであると、そんな気持ちではないだろうかと私は考える。このチコは動物病院で考えられないほどの繁殖に関わったボロボロの体だったが、家に来て五、六年、晩年は幸せな終わり方だったと思う。その頃動物たちの仕草が可愛くてチコやサブを始め多くの写真を撮らずにはいられなかった。

ある日野良猫を抱いて眠る写真が読売新聞に記載され、それを見た読売新聞のYさんの奥さんから、朝一番に電話がかかった。「可愛いわー」と手放しで褒めてくれてひとしきり話した。眼の大きなスタイルの良い明るい奥さんだったがその後、Yさんの奥さんは病気で突然亡くなり、私が旅行先で映した写真を遺影に使って下さった。

サブの写真をカメラのキタムラに現像に持って行くと「この写真、預からせて下さい」と店員が言う。今募集しているフォトコンテストに出したいそうだ。店員さんが大きく切り取ってくれた。その数ヶ月後、厚い立派な本に記載され、偉い先生からのコメントもあり、思いもかけず賞金まで送られて来たのには本当に驚いた。

サブは歌が好きだった。得意な歌はいつも私が庭や台所で歌う『夏の思い出』である。この歌を歌うと、どんな時も一緒に歌い始めた。夏が来れば思い出す、という始めのフレーズを聞くと自分も歌おうと眼が輝きだす。サビの高音の部分　♪はるかな尾瀬♪　の声を張り上げる所にさしかかると、のびやかに朗々と高音を『ウ・オォオーン♪』二人で歌いきる。私は夏の思い出の低音も歌える。ある日の事、私が途中から低音を歌うとサブは音が違う、と突然の事に眼を白黒させた。がその後の拍手喝さいが嬉しくて歌いきった。太宰府の光明寺の住職が見えた時も夫の会社の部下たちが新築祝いに来てくれた時も得意げにサブは「夏の思い出」を披露した。

やがてサブの後ろ足が萎えて歩けなくなった時と夫の退職は同時期だった。暇になった夫はサブを車椅子に乗せて毎日近所を歩いた。道行く人が口々に声をかけてくれた「うちにも犬が居たのよ」とか「何と幸せな犬でしょう」とか「頑張って」と畑の大根をくれる人もいて、夫は地域には誰一人知り合いがいなかったのに、サブのお陰で顔見知りの人が少しずつ出来て、挨拶を交わすようになった。足が萎えても潮干狩りにも、つくし取りにも何度も抱いて連れて行った。

夫は学生時代マンドリンクラブに入っていて卒業三十年後、ＯＢ会が復活し年一回の演奏会を続けて来た。ある年たまたま、遠くから来た会員のホテルが何処にも無くて困っていた時、我が家に来ていただいた。食事の後、演奏が始まった。音楽が流れるとサブは歌い出しそうだった。そこで「サブは夏の思い出が歌えるのよ」と私が言うと皆のギターとマンドリンの伴奏が始まった。すると音楽に合わせてサブが嬉々と歌い始めて皆はとても感心して「我らの接待犬だ。すごい」と大喜びした。それから我が家でのお泊まり音楽会は三年続いた。

今年令和三年九州大学マンドリン発足百周年の演奏会が市民会館で開催されるはずだった。会員は七十、八十代高齢でもあり、今回の百周年を持ってＯＢ会は解散されることになっていたが、コロナが終息せずやむなく中止せざるを得なかった。会員は我が家で昔のように集うのを楽しみにして「また、夏の思い出を歌って」と言われたのだが、夏の思い出を歌ってくれるサブも、もうこの世にいない。

賞と賞金をもらった思い出の特別写真

# 犬をお預かりしています

前略　何処のどなた様か存じませぬが、お宅で飼われていた赤い首輪をした雌の柴犬を、我が家でお預かりしております。どれくらい経ったのかよく覚えていませんが、迷い込んで長い年月が過ぎております。

忘れもしない二月一日早朝、その日は霜が真っ白に降りて、それは寒い日でございました。白い息を吐きながら飼い犬のジョンにご飯を持って行きますと、この寒さの中、犬小屋にも入らず、外でジョンがうち震えておりました。

ジョンは私の友人の家に生まれ、もらってくれる人がなく保健所に行く寸前、その家の五歳の陽子ちゃんに「貰って」と泣きつかれ、仕方なく飼うことにしたミックス犬でございます。「何でお家に入らないの」と小屋を覗くと、見知らぬ柴犬が当たり前のような顔をして占領しておりました。見ると良く手入れされた毛並みと品格は、間違いなくどこかで大切に飼われていた犬でございました。

お腹をすかせているだろうと、ご飯を持ってまいりましてもチラリと一瞥し、まずいけれど仕方なく食べるといった様子で、妙に気位の高さを感じさせ、甘えも媚びもせず、尻尾を振って喜んだり、親愛の情を見せることもない珍しい犬でございました。

保健所、警察に電話をして飼い主を探しましたが、該当する犬はおりません。新聞に記載された「尋ね犬」欄を見まして、それらしきところに電話をし、見に来て頂いたりしましたが、それも犬違いでございました。

犬小屋を明け渡してくれた優しいジョンにも人間にも、全く興味がございませんのに、車には興味を示し、すぐ助手席に乗り込んで参ります。ついでに乗せてドライブすると、とても乗り慣れているらしく、腰を深く落として足を斜めにおいて、急ブレーキにも対応できるよううまく乗ります。

「これはきっと遠くから車に乗って太宰府天満宮にお参りに来て、はぐれてしまったのではないか」と私は推測致しました。

飼い主は必死で探しているに違いない。と飼い主に再び出会うことを祈って、家から十分ほどの天満宮に連れて行きました。これは賭けでございました。運が強ければ、探している飼い主と出会えるでしょう。祈るような気持ちで置いてきました。

ところがなんとその翌朝、我が家に舞い戻ってきたのでございます。何だか私の家では不本意そうに見えたのに、自分の家と決めたのでしょうか。困ってしまいました。でもジョンは大喜びです。仲良くしたいのに、近づくと一喝し、取り付く島もない犬でもジョンにとって若くて美しいのは、そばで見ているだけでいいようです。人間にたとえますと、まるで柳原白蓮のように高慢で美貌このうえないのでございます。

かくして仕方なく名前を「桃さま」と名付け、我が家で暮らすことになりましたが、相変わらずジョンには冷たく、寄せ付けません。だから妊娠の可能性はないと思いますのに、日増しにお腹が大きくなり、驚いて病院へ連れて参りますと子宮蓄膿症という病気でした。もう少し手術が遅かったら命取りになるところだったのです。

桃さまは元の飼い主を探しているのか、放浪癖がありました。ちょっと目を離すと鍵の掛かっている裏木戸を飛び越えたり、塀の下を掘ったりして、何度も家出をしております。一度は二キロ離れた小学校で保護されておりました。首輪に名前と電話番号を書いているので親切な先生から電話がございます。迎えに行きますと、四年一組の子どもたちが別れを惜しんでくれました。夫も通りがかりに桃さまを見つけ、自分の腰のベルトをはずしてリード代わりにし、連れ帰ったこともございます。

ある時、また行方不明になったので、保健所に電話いたしますと、放浪先で足の骨を折って動けず、発見者に保健所へ送り込まれておりました。たくさんいる犬に紛れて、すっかりやつれて隅のほうで小さくなっておりました。迎えに行って顔をみても喜びもせず、全く可愛くないのでございます。いっそ、横にいる子犬の方がよほど可愛らしくて、「あのう、この子も引き取ります」と申しましたのに、「保健所に入ったからには、自分の犬以外は上げられない。欲しければ東区のセンターで貰い受けるように」とお役所返事。今、連れて帰ると言っているのに太宰府からそんな遠いところまで行けるわけがない。一週間後に殺傷される運命の子犬に規則をふりかざして、なぜ助けてあげられないのか、不思議な話もあるものでございます。

桃さまは迎えに行かなければ、そのまま帰って来れないばかりか、その命さえ落とす運命なのに、なんでここまでお世話をしてしまうのか、実は私にもよくわかりません。

娘たちは、「きっと前世で私の家族が桃さまにすごくお世話になったのよ。今そのお返しをしているだけじゃない！」などと申します。

なるほどそうかも知れないと思いますれば、手術費用が高くても、保健所の貰い受けに登録料や予防注射など三万円もかかっても、歯痒くはないような気持ちにもなります。

我が家の敷地は道路より一メートルほど高く、道を歩く人の目線と動物たちのいる場所が同じ高さにあります。そこには棘のない黄色のモッコウバラの大きなアーチがあり、バラを

柵の中からいつも人の姿を見ている犬の親子。右が父親のサブで、左がチコとの間に生まれた子ども

見ようと近づくと、白い柵の中に犬達と、から揚げコッコに猫が並んで道行く人を見ています。ある日、西日本新聞の投稿欄「紅皿」にこんな記事が載りました。「通りがかりの柵の向こうにいつも並んで仲良く外を見ているのは犬と猫と鶏。それが余りに可愛くて、つい声をかけてしまう。飼主の人柄がしのばれる」とあった。我が家と同じような家もあるものだと住所を見たら、なんと太宰府。もしかしてこの記事は、わが家のことでしょうか。

近くの高校生が通りかかり、「ううわー びっくりしたー」とか「可愛いすぎるう！」など、声をかけて行きます。

犬が見えない時は口笛で呼び寄せたりする人もいます。その口笛に反応して一番に飛んで行くのは、から揚げコッコです。ポテトチップなどを桃さまより先に、ちゃっかりもらっております。

桃さまは、「いつか元の飼い主がここを通るかもしれない」と、儚い望みを抱いたのでしょうか、いつも柵のすき間から人の姿を目で追っておりました。

そうして年月が経ってゆき、桃さまも年をとり前のように放浪することもなくなりました。年齢がよくわかりませんが、その時推定で十五、六歳か、もっと上かもしれません。あなたさまでしたら、きっとおわかりでしょう。

そうこうする内に、前からいるセルティのチコが子犬を産みました。そのうちの一匹の子犬がどういうわけか、親のチコより桃さまにいつも抱かれて眠りました。桃さまは赤ちゃんがほしくて自分のそばに置きたかったのか、子犬が慕ってそばにいたのか、定かではありません。

桃さまはその頃から目が悪く、膿の様な目やにが角膜をおおって、眼球は白く濁って目は深く窪んでしまい、もう、見えない様子で嗅覚や感覚で歩いているようでした。ところが、生後六ヶ月の子犬が桃さまの汚い眼ヤニを丹念に舐めてきれいにしてあげておりました。その姿は愛らしく、犬なのに猫のポーズでお尻を高く突きあげて、寝ている桃さまの目をきれいに舐めるのです。

奇跡が起きたのはそれから一ヶ月ほど経った頃でございます。窪んで縮んだところから目に光が戻って来て黒眼が再生してきたのです。

これには本当に驚きました。

こういうことを「徳がある」というのでしょうか、ぶっきらぼうにもかかわらず、昔、良いことをたくさんしてきたのでその徳を授かり、見ず知らずの家に引き取られ、何度も命拾いをし、わが子でもない子犬に慕われ、目が見えるようにしてもらったお蔭は……一体何なのでございましょう。血のつながらない孫犬といつも一緒に抱き合って眠り、その孫犬が目を治してくれたのは、不思議で奇跡としか言いようがありません。

桃さまの目が開いて間もなく、子犬は雄だったので父犬から追われたらしく脱走し、どんなに力を尽くして探しても、二度と家には戻ってきませんでした。桃さまは何度でも、帰ることが出来ましたのに……。

私は心配で悲しい日々が続きました。でも、私以上に桃さまにはそれがよほどの痛手だったようでございます。他の子犬たちもそれぞれもらわれて、いなくなり、それから桃さまは急に老け込みました。目は開いたのに、遊ぶ気力をなくし、体も弱ってまいりました。

だんだん耳も遠くなり、おしっこも垂れ流しで一日中リビングに続くデッキで寝ていることが多くなりました。デッキは人や動物の動きや家の明かりをじかに感じられるようで、ここにいると安心出来るようです。

相手をしてくれるのは、鶏のから揚げコッコだけです。勢いでコッコに踏んづけられることもありますが、時には桃さまの横にコッコはいつまでも座って日向ぼっこをしています。桃さまはコッコに「まだご飯を食べてない」と言いつけ、さっき食べたばかりだというのに、「よし子さん飯はまだかね」と、私を呼ぶのでございます。

その声が大きいので近所迷惑を心配するほどです。

「桃さま、さっき食べたでしょう」と言ってもボケて聞き分けがないので、チーズを一つ口の中に放り込んでやります。コッコもそのお相伴に預かろうと、口ばしを差し出します。ほかに何の楽しみがあろうかと思いますれば、お腹をこわさないよう、すこしずつ食べさせます。寝たきりになると床ずれができるので、ご飯を食べると庭に立たせてやります。フラフラ、ヨタヨタして暫くは外の空気を楽しんでおりますが、きつくなると大声で私を呼びます。迎えにゆくと、この時だけ、やっと、尻尾をふってくれるようになり、「よし子さんすまんね、ありがとう」と、言っているようです。

桃さまより少し前に、優しかったジョンも、十九歳で家族に迷惑かけず、生涯を閉じました。水が好きで毎日川や海で泳いでいた姿が忘れられません。

あなた様が可愛がっておいでだった桃さまは、それから一年後、我が家で天寿を全うしました。我が儘で堪え性のない桃さまを、看取るのは大変でございました。

「はぐれてから、どこでどう暮らしているのか心配で、心配で、眠れない日々があった」ことを、まだ覚えておいででしたら……。心当たりのあるお方は、どうぞご連絡をくださいませ。

白い柵の向こうの南京ハゼの大木の下に眠る桃さまと、再会できることでしょう。

それではあなた様からのご連絡をお待ち申しております。

かしこ

# Ⅷ

# 幸せを運ぶ鳥たち

Ⅷ扉写真＝幸せを運ぶコウノトリかゴイサギか。隣家の友人が屋根の上でくつろぐ姿をとらえた

# 小鳥の贈り物

我が家の庭には三つの鳥小屋がある。

一番古い小屋は家が建つ時、動物の小屋として大工さんが作ってくれた。小屋の中は二段になっており、鳥は中で跳んだり降りたりして遊べる。小屋の前には鉄の大型ケージを出口と密着させバルコニー風に置いて、自由に出たり入ったり日光浴も出来る。

この小屋には今、二羽のキンケイがつがいで住んでいる。キンケイとは雉の仲間で台湾やインドネシアが原産地だ。雌は地味だが、雄は南国らしく赤や金色の鮮やかな原色をしていて、目が覚めるように美しい。おまけに首の周りは豹柄で尾羽が特に長い。鶏はそばに来てくれるが、キンケイは庭に放てばどこかに飛んで行くので、見張りを兼ねて、そばのベンチで私はコーヒーをゆっくり飲みながら姿を楽しむ。

東側の金木犀の下には四畳ほどもある鶏小屋がある。夫が作ってくれたこの小屋は夏は木陰で涼しく、冬は朝日がさして暖かい。

しかし気になるのは、公園の隅で見るホームレス小屋にそっくりな事。

「ねえ、せめて、ブルーシートはやめて、グレーか何かのシートで覆ってくれないかしら。まるでホームレスの人の小屋みたい」と私は気に入らない。この小屋には大分から連れ帰ったカナダ原産のプリモスロック姉妹が住んでいる。その小屋の横に見知らぬ木が一本生えて来た。

「これは何?」と、植木屋さんに聞いてみると、「多分この木はアカシアか、ライラックだろう」と言う。

そういえば何年か前、北海道から取り寄せて植えたライラックが根つかなかった。土の中で生きていたのだろうと思い、成長を見守った。その木はどんどん大きくなり三メートルを超える姿の美しい木になった。青々とした若葉は四方に枝を伸ばし、秋になると色づく。一本の木なのに陽のあたる所は黄色やら赤になり、陽の当らない所は緑色のままで、そのグラデーションの美しい事。あまりの美しさにライトアップすることにした。

我が家の方針は簡単に何でも物を捨てない事。何かを始めようと思いついた時は、小屋を探せばすぐに材料が見つかる。延長コードを三つ繋ぐと、すぐにライトアップが完成した。

向かいの家から電話が来た。

「『昼間も綺麗ねえ』と、夫と話して感激しているのに、夜のライトアップは更に幻想的。病気で出掛けることも出来なくなっていたけど、もう旅行にも紅葉見学にも行かなくても大満足だわ」

喜んでもらうのはとても嬉しい。風に飛んで落ち葉が舞うのも素敵。近所の人にも前の道を通る人にも大好評。

この木の名前は本当にライラックだろうか、気になって詳しい人に聞いてみた。

「この木は多分、南京ハゼでしょう。小鳥が実を食べて、種を落して行くのよ」と教えてくれた。

そういえば同じ木を公園で見つけた。確かに我が家には鶏の餌があるので野鳥も寄って来る。そうか名前の通りハゼの木の仲間なのだろう。だからこんなに鮮やかで美しいのだと納得した。

明治の頃、この土地には蝋燭の原料にするハゼの大木が七本もあり、秋になると村人はその美しさに目を見張ったという。嫁に来た義母が、義父と農地にする為にハゼの木を切り倒し根を掘り起こし畑にしたそうだ。

「それは大変な仕事じゃった」と義母が話してくれたことがある。

三つ目の小屋は一年ほど前のこと、知人の家の愛犬が死んで、使わなくなった犬小屋を譲り受けた。雨ざらしにしたくないので、ベランダに置いた。リビングから小屋の中の様子が見えるのがとてもいい。

犬をとても可愛がっていただけあって、建築家が作った犬小屋には気配りが行き届いている。大きい窓と小さい窓、出入り口のドアは小さめ。総檜作りだから丈夫で三角屋根まで付いている。普通、屋根板は一枚であるが、その上に三角の屋根を置いてあるというのは、冬は暖かく夏は涼しくかっこ良い。しかもその三角屋根には道具を収納することが出来、雪が降る時にはここから、段ボールや毛布を出して窓を覆う事が出来る。赤いペンキで屋根を塗ると益々可愛くなった。

私はこの小屋は安全で鳥のヒナを育てるのには最適だと考えた。キンケイのヒナが欲しい。

キンケイの雌が卵を生み始めた。環境がいいのだろう。卵は三十個も生んだ。キンケイは自分で卵を抱かないから、鶏が抱く時に忍ばせると聞いていた。しかしいくらなんでも三十個も抱ける訳がないので、恐る恐るいくつか食用に試してみた。烏骨鶏の卵より少し小さいが、ほとんどが黄身で白身は少ない。普通の卵より味が濃くとても美味しい。

茶色の鶏が卵を抱き始めたので、キンケイの卵を六個滑り込ませた。

そこに二十日過ぎた頃から、お客さんたちが次々小屋を訪問する。まず、プリモスロックのサザナミ姉妹が覗き込んでは中を興味深そうに見ている。姉妹が離れると、今度は雄鶏が出たり入ったりせわしく動く。三羽の叔母ちゃん鶏も次々覗き見に来て、何か話している。

これはおかしい、いつもと様子が違うぞ、私には見えないけど、もしかしたら今、生まれ出ようとしているのを察知して、お見舞いのお客さんが次々小屋を訪れているようだと推測するが、私の目には全く動きが見てとれない。それから二、三日して「ピヨピヨ」と声を聞いた。二羽のヒヨコが生まれていた。仲間内ではヒヨコの誕生の瞬間さえも共有しているようだ。

ヒヨコの誕生に「何とかなるさ」と夫が言い、私も「何とかなるわ」とつぶやく。無精卵だったのか、キンケイはまたしても生まれなかった。

思い切って二羽のヒヨコが生まれた小屋に、烏骨鶏《うこっけい》のおばちゃん鶏を一緒にしてみた。親鶏は子育て中には片時も離れられず、ヒヨコを守るのに大変。誰か手伝いの仲間がいれば母さん鶏もゆったり子育てが出来るのだ。実際、鶏は協力しあった。ヒヨコもおばちゃん鶏にまとわりついて餌をねだる。寝る時も一羽ずつ羽の中に入れて眠る。

ある日、本当の親の所に二羽のヒヨコが潜り込んでいた。するとおばちゃん鶏は羽の中に頭を突っ込んで、一羽はこちらに来なさい、と何度も促すのであった。

そう言えば人間社会でもおばちゃんは母親の次に、親しい頼もしい存在である。

鶏の残りものを食べようと渡り鳥や野鳥が飛んで来て、種を落とし、楠の木、真弓の木、南京ハゼと木は成長し、庭は林のように楽しくなってゆく。

もしかして、とびきり美味しい南の島の果物の種を、いつか落として行ってくれると有難くて嬉しいのだが。

鳥の贈りもの、南京ハゼ。鳥や犬達はここに眠る。右奥は鶏小屋

# キンケイ誕生

先に少し触れたが、キンケイは金色の美しい冠羽を持つ。最近では鳥を飼う人は少なくなったが、日本では昔から鑑賞用として親しまれて来たそうだ。本によるとキンケイは中国南西部からチベット、ミャンマー北部にかけて分布、標高千メートル辺りの山地に生息し、夏の暑さには弱いらしいが、笹やシャクナゲの密生した藪のような場所を好んで暮らしているそうだ。キンケイのお腹は赤色、尾羽は網目模様で、金、赤、橙、青、緑、黒と色とりどりの羽が美しい。

始めてこの鳥に出会ったのは二年前。糸島の夫の知り合いの、田中家を訪れた時の事、見た事もない、この世のものとは思えない程、美しい姿に驚いた。しかもキンケイが産みっ放した卵が、そこら中に無造作に何十個も転がっている。田中さんが言うには、キンケイは自分で温めないので、ヒナがほしい時は鶏に温めさせるそうだ。雌のキンケイは、全体が網目模様で地味だ。小屋の端に、傷ついてうずくまった雌のキンケイがいるのに気が付いた。目や頭を雄に突かれて怪我をしている。

「もうこの雌は明日か明後日は死ぬじゃろう」と言うから、「この雌、私に任せて下さいませんか、手当してみます」と言う「こんな死にかけたキンケイを持って帰らんでも欲しいなら元気なキンケイをあげるよ。鑑賞用なら雄を一羽、子が欲しいならつがい、どちらがい い？」と惜しげもなく仰るので迷わず、即「つがい」と答え、キンケイ二羽をもらって来たものの、怪我したキンケイを置いて来るのに心残りもあったが、でもそれ以上、言い通せなかった。眼の怪我は眼薬を薄めたので十分消毒薬になり、頭の傷もその眼薬と傷薬で治せるかもしれないと考えた。私は自称、鳥のお医者さんなのだから。

貰って来た若いキンケイは一年目、卵を三、四十個も生んだ。教えられた通りに、家の鶏に四、五個抱かせたが、それはとうとう孵らなかった。まだ無精卵だったのかもしれない。残りの卵を処分しながら、韓国人の知り合いに卵の事を話すと韓国では、何と「鶏の卵と同じようにキジの卵も普通に食べるわよ。でも暗黙のルールがあって、肉か卵かどちらかで、根絶やしするから両方食べてはいけないの」と言う。教えられた通りに放置した卵をゆで卵にすると、白身は少なく、いっぱいの黄身で、味が濃くてすごく美味しく驚いた。

小屋の中で落ち着いて卵を温めさせるにはどうしたらよいか、何が気に入るかと、箱を置いて枯れ草をしいたり、端に卵を集めたり移動させたり、常に五、六個は残して雌鶏の母性本能を刺激しながら、卵も食べさせてもらう。二年目、あちらに一つ、こちらに二つと、生み落とし、集めて温める気がないようだ。こちらも諦めずに、鶏にも五個、キンケイにも絶えず五個をあてがい、ひたすらヒナの誕生を夢見て様子を見守った。夢中になると私は他の事は何も考えられない。

二十一日たったある日の事、鶏小屋の中に、孵化したばかりの押しつぶされたキンケイのヒナの死骸が二つあった。鶏のヒナは逞しく育つが、キンケイのヒナはヒヨコと同じ訳にはいかないようで、他の鶏が押しつぶしたようだ。それで生まれて二日目の残ったヒナを保護することにした。小屋を開けて呼ぶと私をめがけてヒナが駆け寄って来た。一番初めに見た者を親だと認識するらしいが、タイミング的に私を親だと認識したらしい。この子は鳥カゴに保護した。それからというもの私の姿が見えないと「ツイー、ツイー」と鳴いて呼ぶ。夫がそばにいるのにもかかわらず、トイレにたっても、風呂に行っても後追いして呼ぶのだ。私の姿が見えると「チュィン、はいー」と安心する。美味しい時、眠たい時、くつろいでいる時の声も聞き分けられる。膝に抱けるまで慣れて、手から豆腐やソーメンを食べ、まるで手乗りの小鳥のようになった。が残念なことにこの子は雌らしい。

程なく庭のキンケイの小屋でもヒナが生まれ始めた。キジは卵を抱かない。と教えられていたけど、それなら絶滅してしまう。辛抱強く雌が抱き始めるように仕向けた。それが功をなし、環境がよかったのか。最初の一羽が生まれると極彩色の父親である雄も固唾をのんで

〈上〉美しいキンケイ夫婦。今年も卵を生み始めた
〈下〉生まれたキンケイは孫のようなもの、懐に抱いていたい夫です

雌の横に座り始めた。今までは七十センチ程の尾羽が邪魔で長すぎて座る場所がなかったのが、夏に抜け変わるのか、尾羽がすべて抜け落ちると、雌の横に並んで座り込み、二羽目、三羽目のヒナが殻を破り生まれる誕生の様子を見守っている。先に生まれた二羽の兄弟までが「早くおいでよ」とばかりに、卵の殻を引っ張って介助する。時間がかかって卵の殻をようやく脱ぎ捨てると、まだ歩けないので、グニャリと転がり濡れた翼を乾かして、暫くして雄が自分の羽の下にヒナを誘導した。雄のキンケイは初めての体験であるだろうに自分が父親で、これが家族だとわかるのだろうか。見守る目がとても優しい。父親も子育てするのだ。全部で四羽生まれた。ヒナが雄か雌かはまだ、分からないけれど、こんなに難しいキジの孵化をさせた事を知るとキンケイをくれた田中さんもきっと驚くだろう。

餌は栄養を強化している鶏のヒナの餌を与えた、二週間経ちヒナはだんだん成長し六十センチの段の上まで飛び上るようになった。ある日の事、キンケイの小屋を覗くとヒナが一羽しか見当たらない。逃げた訳でないし、猫が襲ったわけでもない。よくよく小屋の中を調べて見ると、壁に見立てた段ボールの向こう側に落ちて飛び上れず二羽が餓死していた。前の日まで確認していたのだから一日の事だ。きっと助けを求めて鳴いていただろうに、大雨のザアザア降りしきる音で聞こえなかった。残念な事故だ。三時間温めて何度も水を飲ませてみたが、生き返らなかった。

雨がやんで庭の片隅にお墓を作った。元気に生まれて来たのに、タブレットの動画の中で走り回る茶色のピンポン玉がころがるような三羽のヒナの姿がいとおしい。短い命だった。

八月、鶏が孵化させた一羽の雌と本当の親のキンケイが孵化させた子どもは子鳩くらいの大きさになって飛べるようになった。やがて一羽は雄のキンケイだと分かり、とても嬉しい。鶏の雄鶏誕生には困りはて、キンケイだと美しい雄の誕生を喜ぶ。誠に勝手だ。キンケイはおとなしいし、騒がない。庭で飼っても近所迷惑にならないのがいい。それに友達に自慢したいほど、息をのむほど美しい。

# 令和の里の裏庭飼育

雄鶏四羽が水城堤防のそばへ貰われてようやく安堵した。しかし雄鶏のいなくなった我が家の鶏軍団は雌ばかりでは統制がきかなくなってしまった。今までは雄鶏を中心にハーレムが出来ていた。いつも雄鶏が雌鶏を保護するように守り、美味しいものは雌に食べさせ、安全な寝床に誘導し、雄鶏が東に走れば全員東へ、歩けば揃って西へ、カラスや敵からも見張りして統率していた。そして自分のＤＮＡを残すべく情熱のおもむくまま。確かに雄鶏は時間がないのである。ところが雄鶏がいなくなった途端、雌鶏達は勝手気ままにふるまい、収拾がつかなくなってしまった。主がいなくなると隊列は乱れ誘導もままならず、喧嘩はする、やたらと騒ぐ、小屋に入らない。追うと一羽は北へ二羽目は南へと、てんでバラバラ。改めて雄鶏の優しくて力強い統率力はすごいと感じるのであった。人と何ら変わらぬ愛。男の存在とは何たるかを考えさせてくれるものである。

当時誰も見た事のない象の絵や鶏を描いた画家の若冲は、「鶏は五つの徳を持つ生き物だ」

と言ったそうだ。勇気や臆病さ、粘り強さや利己主義等、様々な人間の特徴や感情を表現する言いまわしは、チキン野郎と言う表現でアメリカでも昔からしっかり根付いている。そもそも鶏は恐竜の末裔であるとわかっている。人類と鶏の付き合いは食料として始まったものではない。日本神話では天照大神が天の岩戸に隠れた時、呼び戻すのにつれて来られたのが神の使いの鶏で、大切に扱われてきた。が、今日の産業化した鶏の状況は絶滅よりも悪い運命に置かれているという。せめて家の鶏は幸せな日本代表の鶏にしてやりたい。

病気療養中のお向かいの御夫婦に「鶏の声がうるさいでしょう？」と恐る恐る聞いてみた。「いいえ、とんでもない、そんなことはありません。反対に鶏に負けずに今日も元気で頑張ろうねと夫婦で話します。鶏の声はいつもは、コケコッコーと鳴くけれど、お宅の鶏は朝『オッカサーン』と鳴きますよ。あれは奥さんを呼んでいるのね」と言う。そう言われて気がついたのだが、その白雄鶏は庭の小屋にいる。寝る時、窓と出口を板でふさぎ、声が近所に漏れないようにすると、朝になっても、小屋の中は真っ暗。いつまでも真っ暗の時、「オッカサーン、早く戸を開けて、暗いよー」と私を呼ぶらしい。

鶏は、現在我が家では、雄雌合わせて七羽いる。中年雄鶏は殿、若い白雄鶏は若殿、鶏小屋を大奥。雌鶏五羽は奥方、でも時々はおばちゃんとも呼ぶ。そのうち若い二羽は姫君と名付けている。そう言えば、かぐや姫もいた。私の家のリビングの土間は鶏にとっては冷暖房付きのお城。先日の大雪の日、庭に降り積もった雪の中を鶏小屋から家の土間まで誘導した。しかし歩くのは鶏と言えども冷たくて、つらいらしい。足が霜やけのように真っ赤だ。小屋はビニールシート一枚で雪と北風をしのぐだけで夜は氷点下にもなる。それに朝は五時から鳴いて近所迷惑だから夕方になってそれを回避するためお城に誘導するのだが、小屋から出ようとしない。夫が小屋の前で雄鶏に言い聞かせている。「殿、城に帰らんで本当にそれでいいのか、よく考えてみろ」と話しかけると、「ん、わかった。やっぱり帰る」とすごすご深い雪の中を付いて来た、と、まことしやかに夫は言う。

最近は最古参のおばちゃん鶏が外で若いもんと一緒に動くのがきついとばかりに、リビングに来て帰りたがらない。推定十才くらいの年寄りと思われる。老衰なのか、人を頼りにして一日中側にいたがる。

夫が土間のあるリビングに誘導するとそそくさと入って来るのは、プリモスロックの血を引くサザナミ模様の美しい雄鶏でこれが殿。私は夜中に目が冴えて再び眠れない日が時々あるが、リビングに行くと殿が目を覚まし、二時でも三時でも鳴き始めるので、「殿、早く起きないかなあ」とコケコッコーの一番声を布団の中で待っている。午前五時半ようやく鬨《とき》の声が聞こえ、リビングへ行くのが六時。間もなくＮＨＫのテレビ体操が始まる。音楽に合わ

鶏は高い所から見渡すのが好き。殿はサザナミ姉妹の息子

せ体操を始めると、殿は体操する私の姿を興味深そうにケージにかけた布カバーの下から覗き見している。人間のおかしな動きに笑いをこらえて見ているのかも知れない。

鶏は人間の食生活やインフルエンザとコロナのワクチン開発に大いに貢献しているそうだ。私の望みは、鶏や家畜、生き物達のワクチンをも早く開発してほしいこと。そして雄鶏もペットとして住宅地や裏庭で飼えるよう、声帯の手術が出来るお医者様を世に送り出してほしい。動物病院やペットショップにも相談したが、雄鶏は食料だからか、誰も手術するお医者様はいないのだった。仕方なく声を小さくする為、雄鶏の首に包帯や靴下を撒いたりもした。そして危惧するのは自給率三十七パーセントの日本では飢える人がいつか、出るかもしれないということ。いざという時に食料品を何をどうすればいいのだろうかと考える。外国のある大富豪に、もし世界に何かが起こって食料危機が起こったら、あなたは家庭で何をどうしますか？と訊ねると、大富豪はすかさず、「まず鶏を育てるだろう」と答えたそうだ。これは本当に理にかなっている。鶏は餌を与えられなくても土さえあれば草を食べ、ミミズを探し虫を取り、食料の調達を自分でする、たくましい生き物だ。そして裏庭で飼える。女の手でも十分飼育でき、いざという時には食料にもできる。ペットにも十分なりうる。野菜くずもリンゴの皮も古いご飯も捨てる物は何もない、全部一粒のこらず片づけてくれてエコそのもの。安全でストレスのない卵も生んでくれて可愛くフレンドリー。親しい人やお隣にも生み立て卵のおすそわけも出来る。

だけど現実には我が家の鶏が死ぬと食料にも出来ず、犬猫のようにペット火葬にも出せず、ましてゴミに出すのも憚られ、庭の片隅の小鳥のお墓の横に埋葬する。犬猫の動物と一緒にすると落ち着かないだろうから東側に犬猫のお墓のエリア。西側に鳥のエリアと分けて、レンガに鶏の名前を書いて「皆で仲良く庭で暮らしなさい」と送り出す。

人間は人とつながって生きる動物なのだ。人間だけじゃない、犬や猫、大勢の哺乳類に蟻や虫、鳥の群れや鶏等きりがない、みんな自分達仲間の体温で生きている。生活の彩りを添えてくれる生き物達に囲まれて、私達夫婦は話題や会話や笑いが尽きない。世話は大変だが多少汚くても当り前。あるがままでストレスを感じることはない。それより裏庭飼育とは何と面白い楽しい人生だろう。この子たちが生きてる限り死なない、病気になれない。いつも夫との会話は庭の生き物の事ばかり。その中でもとびきり面白いのは、サブとから揚げコッコであった。

# コッコおばあちゃんさま

四月に小学一年生になった孫娘から手紙が届いた。入学して未だ二ヶ月しか経ってないのに、覚えたての平仮名で一生懸命書いたお手紙。内容は先日小箱いっぱい送った枇杷のお礼と、コロナの予防注射をすると聞いて「安心したよ。でも痛かった?」と心配してくれるものだった。ママが付き添って書かせたのだろう。ご飯の友、振りかけのプレゼントも同封してあった。数字にもお勉強のあとが見える。郵便番号も分かりやすい。しかも住所はすべて平仮名で、さぞかし配達員はたどたどしい一字一字を読み、間違いなく届けるのに苦労したことだろう。しかも宛名の苗字は「すやま」と平仮名で書いてはあるが、名前の方は何と自分がいつも使う「コッコおばあちゃんさま」となっている。郵便局員が良く間違えずに届けて下さったものだと感激する。本当に有難い。

いつの間にか私は「コッコおばあちゃん」と呼ばれるようになった。我が家に七羽いる鶏の一番最年長は、ゆずってくれた菜っちゃんに言わせると「多分、十四、五歳にはなる」そうだ。

今時そんな鶏なんて珍しい。

この雌鶏が、家に来た時は人に慣れてなくて、奥の止まり木から何カ月も降りて来なかった。少しずつ馴らして庭で遊べるまでに半年から一年かかった。この一番年寄りの、茶色で小ぶりなおばちゃん鶏は、五百円硬貨程の小さい頭だが優しくて賢い。夕方、雄鶏はリビングに入れるのだが、その時、おばちゃん鶏は「自分もリビングに行くぅ。若いもんと一緒は、もうきつい。コッコばあちゃんのそばがいい」とばかりに私についてリビングに入って来る。そして長い廊下を歩いて自室にいる私の夫を呼びに行く。おばちゃん鶏は夫が大好きなのだ。ある日私達が留守をした時、おばちゃん鶏がまるで猫のように玄関で帰りを待っていたのには驚いた。好物の豆腐やソーメンを良く食べるし、口からよだれが出ているのを除けば、とりたてて病気も何も特別なことは感じられなかった。

やがて三ヶ月経ったある日の夕食後、おばちゃん鶏を膝に乗せるとおばちゃん鶏は私の胸に顔をうずめてハグをした。それは初めてのことだったが、とても自然な行動だった。すかさず夫はスマホのシャッターを押した。おばちゃん鶏はご飯を終えると自分で土間の段ボールの家に帰り十二時間はしっかり眠るのが日課だった。この日、豆腐をたらふく食べておばちゃん鶏は眠りについた。

そして二度と眼を覚ますことは無かった。こんな別れ方をする鶏がいるなんて……。大往生である。

「この家に連れて来てくれてありがとう、楽しくて幸せだった」おばちゃん鶏はそれを伝えたくて、別れのハグをして天国へ旅だったかも知れない。私はいつも家にいる鶏だけでも幸せな日本代表の鶏にしてやりたい。と思っていた。だからこんな別れ方もあるのか。「楽しい子だったねえ」と夫がしみじみ言う。「面白いおばちゃんだったわねえ」私も相づちを打つ。

夫は会社を退職するまでは鶏には何の興味も持ってなかったのに、鶏や生き物達と家族になって、私達夫婦は令和の里太宰府でゆかいに楽しく暮らしている。

そんな生活を応援してくれる仲間もいる。鶏をとおして知り合った野菜屋さんが十四キロもある上等のスイカを「熟れすぎたから鶏に」と分けてくれた。スイカにも秀・優・良の等級があり、もらったスイカは最高級の秀。

「これは鶏がもらったんだから横取りするなよ」と夫が私に言う。

「こんなみずみずしいスイカ！　とっても鶏だけでは食べきれないわ。きれいな所は遠慮なく」と、夫の話聞いていない。犬に賞金をもらい、鶏に巨大スイカや小さな卵をもらう日々は、まこと有難い。

犬は最後は人と同じく介護が必要になる。猫は誰にも迷惑をかけず隠れて一人で死ぬ。グレーの文鳥は黒い頭が白髪になり、鶏は御礼のあいさつをして旅立った。

亡くなる前日の夜、胸に顔をうずめてハグした

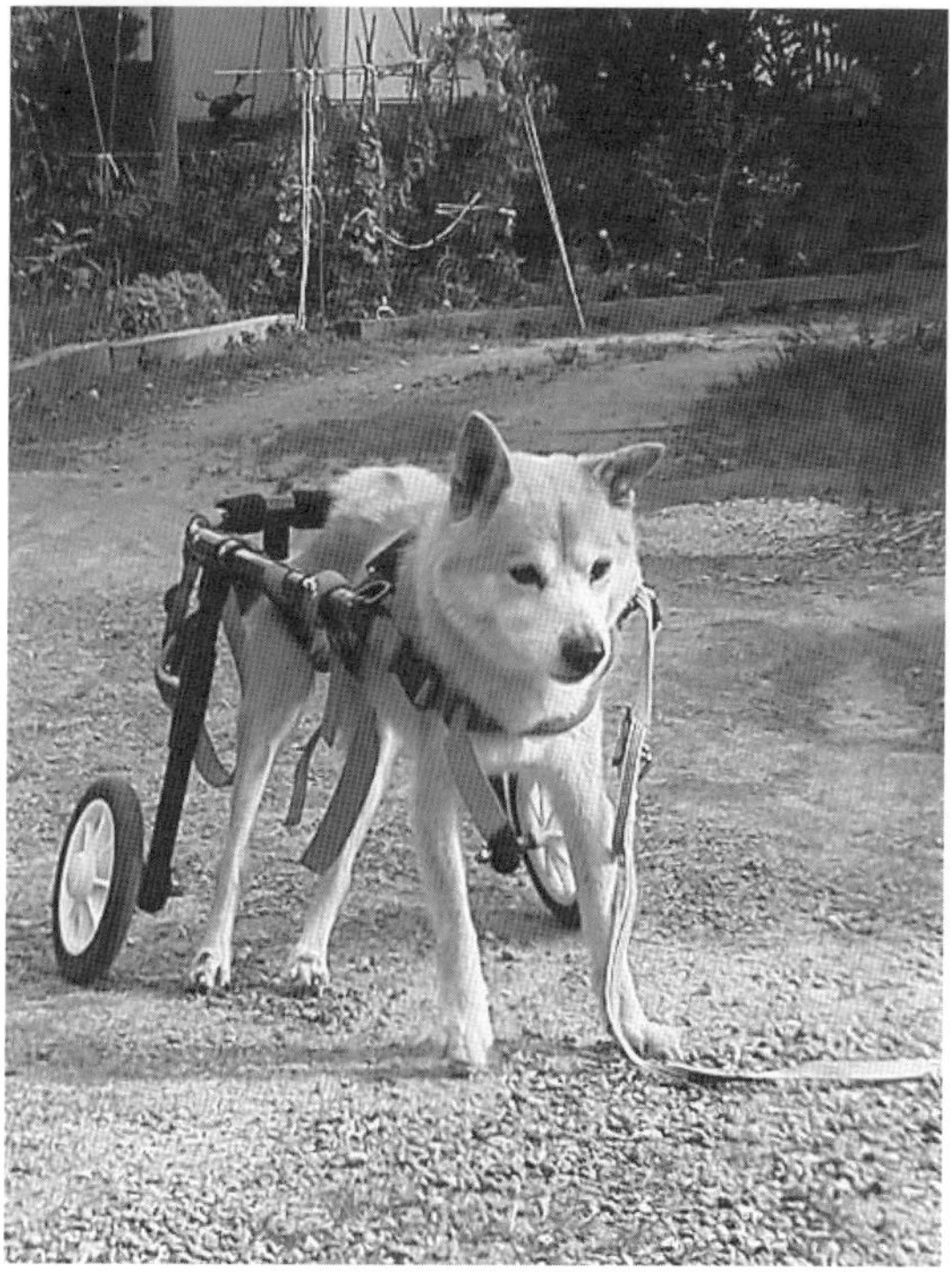

車イスのサブ

# おわりに

アメリカのサイエンス・ライター、アンドリュウ・ロウラーの『ニワトリ　人類を変えた大いなる鳥』の本によると、長年鶏の脳の研究をしているアメリカの脳神経科学者は、鶏に深い知性の兆しを発見して人々を動揺させているそうだが、私も以前からそんなことを時々感じていた。そもそも鶏は恐竜の末裔であるらしい。地震、津波、異常気象、コロナ、遺伝子操作と、今の世の中何が起こるか分からない。遠い未来の地球で、突然遺伝子操作で鶏が先祖帰りをして恐竜化し、地球上に王者として君臨したらどうなる事だろう。今の世界と逆転し、人間は鶏恐竜に食べられないよう、穴倉や岩陰に身をひそめて暗くなるまで身を隠し、やっと食料を調達する。そんなありもしない子どものような空想をするのは、今日の産業化した鶏の状況が絶滅よりあまりにも悪い状態におかれているからだと、令和三年、三月発売の週刊文春を読んで思った。肉や卵を食べない訳にはいかないが、せめて自分の手の届く範囲だけでも裏庭飼育を通して小さな幸せを与えてやりたい。野に草原にほっておかれるだけで実に平和で屈託のない愛すべき鶏達なのだから。

生き物を愛してやまない村田喜代子先生に師事して思いのたけを精一杯、書けたのは本当に幸運です。奇想天外な私の話にもどんな話にも耳を傾け御指導下さいました。それに加えこの随筆集に跋文を賜りました事、心より御礼申し上げます。

エッセイ教室の深野治先生は虫の話を書く私に、「ファーブル昆虫記のように、『陶山昆虫記』を書きなさい」と励まして下さり、私に事情が出来て教室を辞める時、まだまだ拙い私の文章に、「書き続けなさい、ここで筆を止めて辞めたらいかん」と、私を後押ししてくださいました。応援して下さった筑紫山脈同人誌の代表坂井美彦様、坂井ひろ子先生、山辺さん、会員の皆様、村田教室の友人達、中でも校正を引き受けて下さった吉川文子さんに心より感謝いたします。

そして大きなことはもとより、どんな小さなことにも労を惜しまず協力してくれた夫に感謝します。皆様、本当にありがとうございました。

陶山良子

# 陶山良子さんの小さな友だち

村田喜代子（作家）

私たちは人間同士の関係でも、なかなかスムーズにいかないもので、たまに気の合う友人ができたときの幸福感はじつに大きい。まして人間でない近所の犬や猫たち、電線のハトたちなんかとも親しくなれたら、どんなに気持ちが良いだろうと思う。

この本の著者・陶山良子さんは、わが文章教室の生徒さんで動物好きの少し変わった人である。そしてものすごく幸福な人だ。徹夜で愛犬の出産の介助をする者はたまにいるが、難産のカナリアの助産師になって、小っちゃいお尻の穴から潰れた卵を取り出した人間は少なかろう。

異種間の知己・友人を持つことには私だってあこがれる。陶山さんはヘビとの関係はどうだろう。私は昔、新聞の投書でお墓の供物を荒らすカラスをたしなめた人の真似をして、夜な夜な隣の畑から塀を超えてくる侵入者に貼り紙を出した。

「ヘビの皆さん。わが家のシベリアンハスキー犬がねらっています。危ないから絶対入ってこないで！」

墓場のカラスのいたずらがやんだように、ヘビもふっつりとこなくなった。ハスキーはめったに吠えないので番犬には向かないのだ。

心を以て思えば通じない相手はない。これは私の信条だ。けれど人間界の戦争史などをひもとけば、世の中には全然通じない相手もいるのだが、それは心を以て対しないからである。双方に深い心が発動しなければ、もとより犬だってカラスだって、鳥だってどうにもならない。

こないだ陶山さんから、ちり紙に包んだ八個の烏骨鶏の卵を戴いた。小さい卵だが、これを烏骨鶏は一週間か十日に一個しか生まない。そのぶん栄養は普通の鶏卵の何倍も濃い。ということは、八羽の鳥が頑張った結晶の卵である。烏骨鶏の皆さんによろしく伝えてくださいと、陶山さんに言付けた。

## 略歴

陶山良子（すやま・よしこ）

一九四七年　福岡県生れ
一九六五年　筑陽学園卒業
一九九八年　福岡女学院短期大学卒業
「生きているだけで愛おしい」が白亜書房『日本大好き』に掲載（二〇〇一年）。
「柿の木」がコスモス文学の会新人奨励賞受賞（二〇〇八年）。
「妖怪の館」が宗教工芸社『わが家のお仏壇物語』に掲載（二〇一五年）。
「親友家族との暮し」が暮しの手帖社『戦中戦後の暮しの記録』永久保存版に掲載（二〇一七年）。
「目指しなさい」（二〇一九年）、「社会学」（二〇二〇年）がそれぞれ春日井市市民文化財団の掌編自分史作品に掲載。

〈カバー表写真〉＝Ⅰ私は虫愛づる姫君「から揚げコッコ」に登場するコッコの子ども
〈カバー裏写真〉＝Ⅶ犬がくれた賞金「歌う犬」に登場する柴犬ミックスのサブと、人気者の手乗り文鳥

から揚げコッコ物語
――令和の里の裏庭飼育

二〇二一年 十 月二十日 第一刷発行
二〇二二年 三 月十五日 第二刷発行

著　者　陶山良子《すやまよしこ》

発行者　小野静男
発行所　株式会社　弦書房
（〒810・0041）
福岡市中央区大名二―二―四三
ＥＬＫ大名ビル三〇一
電　話　〇九二・七二六・九八八五
ＦＡＸ　〇九二・七二六・九八八六

印刷・製本　アロー印刷株式会社


ISBN978-4-86329-229-1 C0095